高频电子线路

马圣乾 封百涛 岳 帅 编著

电子工业出版社.
Publishing House of Electronics Industry
北京·BEIJING

内 容 简 介

本书依据应用型本科关于"高频电子线路"课程的最新要求编写，在编写过程中考虑了新技术的不断涌现和教学应紧跟技术发展和服务社会的需要，很好地展示了该课程的经典性和其知识结构的近似完备性。本书在保留现有教材传统体例的基础上，加入了科技发展引出的新知识点，并糅合了思政要素，力求达到实用、够用、活用的目的，同时确保了知识结构脉络清晰。全书共 7 章，分别为绪论、小信号谐振放大器、高频功率放大器、正弦波振荡器、振幅调制与解调及混频电路、角度调制与解调电路、反馈控制电路。

本书通过简化理论性偏强和数学要求较高的内容，降低了学生的学习门槛和减小了学生的学习压力，适合普通型本科、应用型本科及高职高专相关专业使用，也可作为工程技术人员及社会技术人员自学的参考书。

图书在版编目（CIP）数据

高频电子线路 / 马圣乾，封百涛，岳帅编著. — 北京：电子工业出版社，2023.6

ISBN 978-7-121-45840-8

Ⅰ. ①高…　Ⅱ. ①马…　②封…　③岳…　Ⅲ. ①高频—电子电路　Ⅳ. ①TN710.2

中国国家版本馆 CIP 数据核字(2023)第 115604 号

责任编辑：杜　军　　　特约编辑：田学清

印　　刷：三河市君旺印务有限公司
装　　订：三河市君旺印务有限公司
出版发行：电子工业出版社
　　　　　北京市海淀区万寿路 173 信箱　　邮编：100036
开　　本：787×1 092　1/16　印张：11.75　字数：293 千字
版　　次：2023 年 6 月第 1 版
印　　次：2023 年 6 月第 1 次印刷
定　　价：39.00 元

凡所购买电子工业出版社图书有缺损问题，请向购买书店调换。若书店售缺，请与本社发行部联系，联系及邮购电话：(010) 88254888，88258888。

质量投诉请发邮件至 zlts@phei.com.cn，盗版侵权举报请发邮件至 dbqq@phei.com.cn。

本书咨询联系方式：dujun@phei.com.cn。

前　言

　　"高频电子线路"是普通型本科、应用型本科类院校和高职高专类学校相关专业开设的一门工程性和理论性较强的专业技术课程。本书依据普通型本科、应用型本科和高职高专教育的最新要求编写，适应现代高等教育的改革与发展，在内容力求达到实用、够用、活用的基础上，糅合了思政要素，并体现了创新、创业的新教育理念，考虑了社会的发展、新技术的不断涌现和教学紧跟技术发展的需要，努力做到引领大家掌握电子和信息系统的基本理论。本书旨在培养能够适应社会主义现代化建设和电子信息技术发展的需要，具有较强的社会适应能力、工程实践能力、组织能力和创新意识，具有高度社会责任感、较高的科学与人文素养、突出的创新精神和对信息系统进行研究/设计/开发的综合素质，能从事各类电子信息系统的研究与设计、开发与应用，以及技术管理工作的高等工程技术人才。

　　本书的编写设计初衷如下：

　　（1）以新编制的教学大纲和现代教学理念为依据，以彰显应用型本科和高职高专的实际教学应用为特色。

　　（2）本着"实用"的原则，使学生能在学习中融会贯通知识与技能，简化理论性较强的内容，侧重学生对物理概念的理解和掌握，以及对整体电路的剖析，力求讲清单元电路的精髓并促进其在设计单元电路上的实用。

　　（3）体现"够用"的目的，注重知识的完备性，对教学大纲所规定的内容实现了全覆盖，使学生能够得心应手地理解问题、解决问题，在实训中结合了仿真与实验的手段，提升学生对电子设备的操作技能。

　　（4）强调"活用"的理念，不是一味地讲授理论知识，而是强调和分析这些知识在实践中的应用，使学生能够灵活应用所学知识并增强学生对技能的掌握。

　　（5）糅合了思政要素，本着技术服务社会的理念，让年轻有为的一代志存高远、踔厉奋发，怀着心中的信念和理想，永远走在技术的前沿，奔向未来。

　　（6）本书在设计上分为内容提要、学习目标、思政剖析、难点释疑、思考与练习等，各知识点间的逻辑关系清晰、整体性强；让学生既"知其然"又"知其所以然"，从理论中来，经过学习和实践的反复锤炼，又回到理论中去。

　　本书的编著者是马圣乾、封百涛和岳帅，马圣乾负责编写前言、第1～3章和全书统校工作，封百涛负责编写第5章和第6章，岳帅负责编写第4章、第7章及部分电路的修改。本书可适用于普通型本科、应用型本科电子信息类、自动化、智能控制类等专业及高职高专的相关专业，也可以作为工程技术人员及社会技术人员自学的参考书。

　　在编写的过程中，本书得到了中国科技大学朱祖勋教授的指导，并对本书的编写提出了建设性的建议，在此表示感谢。本书的内容参考了国内很多同行的相关文献和资料，在参考文献中罗列可能不全，在此表示歉意，同时对本书所参考资料的作者和为此做出贡献的人员表示深深敬意和感恩！

由于编著者水平和经验有限，书中不可避免地存在错误和不当之处，敬请各位读者不吝指教，以便修订时进行改正！

编著者

2023 年 1 月

目　　录

第1章 绪 论

内容提要

本章作为绪论，开篇明义，画龙点睛，是整本书内容的纽带、知识之间的桥梁。本章概括了知识间的联系，简要叙述了通信系统的历史演变，聚焦了重要概念，剖析了难点，拓展了通信的外延，使读者在不知不觉中领略《高频电子线路》的核心精髓。

学习目标

掌握无线电波发射与接收的基本原理。

了解无线电技术的发展过程、无线电波段的划分和无线电波的传播方式。

思政剖析

"蛟龙"入海、"嫦娥"探月、"神舟"飞天、"祝融"探火、"羲和"逐日、"天和"遨游星辰、"北斗"组网；大飞机首飞，万米载人深潜器、极地破冰科考船建成交付，5G网络全球规模最大、5G终端用户占全球80%以上……一件件大国重器横空出世，一批批重大装备实现技术突破，一些前沿领域开始进入并跑、领跑阶段。本书既能让学生对前沿技术有所认知了解，又能教育学生发愤图强、不断创新，将来为国家破解技术难题贡献力量，培养学生的爱国精神和民族自豪感。同时，本书还弘扬科学精神、工匠精神、奋斗精神，既活跃了课堂气氛，又潜移默化地告知学生"知识就是力量，知识就是财富，知识改变命运"，激发学生的学习自觉性。

1.1 通信的定义和分类

1.1.1 几个术语

1.1.1.1 基带信号

信源（信息源，也称发端）发出的没有经过调制（进行频谱搬移和变换）的原始电信号所固有的频带（频率带宽），称为基本频带，简称基带（Baseband）。基带信号就是信源发出的含有有效信息的低频信号。由于在调制过程中载波信号的参数会随着基带信号变化，因此基带信号也称为调制信号。常用基带信号大体频率范围：图像信号在 0～6MHz，语音信号在100Hz～6kHz，音乐信号在 16Hz～20kHz。

1.1.1.2 载波信号

载就是携带、运输的意思。载波信号是一个标准的正弦波信号，频率很高，且不携带任何有效信息。完整来说，载波信号就是不含有有效信息的高频正弦波信号。

1.1.1.3　频带信号（已调信号）

频带和基带相对应，频带是指基带信号调制后所占用的频率带宽，频率带宽为一个信号所占有的最低频率到最高频率的间距。基带信号调制或控制载波信号的某一参数（幅度、频率、相位）得到的信号叫作频带信号，也称为已调信号（包括调幅信号、调频信号、调相信号）。可以看出，已调信号是高频且含有有效信息的信号。

1.1.1.4　调幅、调频、调相、调角

（1）模拟调制。用模拟基带信号对高频余弦载波进行的调制称为模拟调制。用模拟基带信号去控制高频载波的振幅称为调幅（AM）；用模拟基带信号去控制高频载波的频率称为调频（FM）；用模拟基带信号去控制高频载波的相位称为调相（PM）。

（2）数字调制。用数字基带信号对高频余弦载波进行的调制称为数字调制。用数字基带信号去控制高频载波的振幅称为幅移键控（ASK）；用数字基带信号去控制高频载波的频率称为频移键控（FSK）；用数字基带信号去控制高频载波的相位，称为相移键控（PSK）。

由于频率和相位变化是互相联系的，因此把调频和调相合称为调角。

1.1.1.5　无线通信的类型

根据工作频段的不同，无线通信分为中波通信、短波通信、超短波通信、微波通信和卫星通信等。所谓工作频率，主要指发射与接收的射频（RF）频率。射频频率就是载波射频，射频实际上就是"高频"的广义语，它是指适合无线电发射和传播的频率。无线通信的发展方向就是开辟更高的频段。

根据传输手段的不同，通信系统分为无线通信、有线通信和光通信等。

根据传送的信号类型不同，无线通信分为模拟通信和数字通信，也可以分为语音通信、图像通信、数据通信和多媒体通信等。

无线通信的通信方式主要有全双工、半双工和单工方式。而无线通信的调制方式主要有调幅、调频、调相及混合调制等。

1.1.2　通信系统

立足社会，交流为先。交流的方式有很多，近距离交流可以用肢体动作、语言、微表情等，远距离交流可以用电话、手机等。无论用什么方式交流，都是将信息（具体形式有语言、文字、符号、音乐、图形、图像和数据等）从一方传递给另一方，信息的传递具有双向性。因此，通信就是把信息传递出去，让对方获知信息，也期盼得到回信的过程。通信系统的组成模型如图 1-1 所示，从图中可以看出，整个通信系统包括五部分，即产生信息（信源）、传送方式（发送设备）、中间媒介（信道）、接收方式（接收设备）和信息的接收（信宿）。

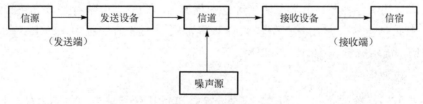

图 1-1　通信系统的组成模型

通信系统的各组成部分的功能简介如下。

1.1.2.1 信源

信源就是信息的来源,即信息的发出者。在通信系统中,一般将语言、文字、图像等统称为消息,而我们所关注的是消息中包含的有效内容,也就是有效信息。在实际中,需要通过电路或设备将待传送的信息转换成电信号,而电信号中包含传送方要传送的信息,这就是通信系统首先要对消息做的处理,也就是今后要介绍的调制。例如,要长距离传送语音,需要加个麦克风,它的作用就是将语音信号转换为电信号,便于电路设备对信号进行处理。

1.1.2.2 发送设备

发送设备就是将信源产生的信号通过处理将信息发送出去的设备或电路。对信号处理的过程可能涉及对信号做抗干扰、滤波、选频、编码、放大和调制等,使信号适合在信道中传输,并能够有足够的功率以实现长距离传输。例如,调制就是将语音信号转换为电信号,需要一个高频信号作为载体将信息传送到远方。

1.1.2.3 信道

信道是信息传输的媒介或信息从甲地到乙地经过的通道。一般来说,信道有无线信道、有线信道和光信道三种。其中,无线信道是自由空间;有线信道可以是明线、电缆和光纤;信道在信号传输的过程中会引入干扰信号或噪声信号,使得待传输信号的质量受到影响。

1.1.2.4 接收设备

接收设备是指从受到减损的接收信号中还原出原始电信号的设备或电路,该接收信号可能会经过放大、选频、滤波和解调等处理。例如,解调就是从调制好的信号里解离出有用的有效信息的过程,也就是还原出调制前通过麦克风将语音信号变换成的电信号,也可以看成将载体和有效信息分离从而得到有效信息的过程。

1.1.2.5 信宿

信宿是指有效信息的接收者,即信号在目的地的受众。比如,传送到目的地的语音,需要将接收设备还原出的电信号经过扬声器将电信号转换为语音信号,这样目的地的受众就能听到语音,获得所需要的信息。

1.1.3 通信系统的分类

通信系统的分类方式很多,可以分别按通信的业务、调制方式、信号特征、传输媒介、工作波段和信号复用方式等来进行分类,实际上,通信系统比较常见的分类方式是按传输媒介和信道中传输的信号特征进行分类,即按传输媒介不同,通信系统分为有线通信系统和无线通信系统;按传输的信号特征不同,通信系统分为模拟通信系统和数字通信系统。其他分类方式在这里不做赘述,读者可以参考有关通信教材。下面主要介绍模拟通信系统和数字通信系统。

1.1.3.1 模拟通信系统

模拟通信系统模型如图 1-2 所示,模拟通信系统传递信息的信号是模拟信号,它是利用正弦波的幅度、频率或相位变化,或者利用脉冲的幅度、宽度或位置变化来模拟原始信号的通信系统。从模拟通信系统模型可以看出，模拟通信是一种以模拟信号传输信息的通信方式。非电的信号（如声、光等）输入变换器（如送话器、光电管），使其输出连续的电信号，电信号的频率或振幅等随输入的非电信号而变化。模拟通信系统主要由用户设备、终端设备和传输设备等部分组成，其工作过程：在发送端，首先由用户设备将用户送出的非电信号转换成模拟电信号，然后再经终端设备将模拟电信号调制成适合信道传输的模拟电信号，最后由传输设备送往信道传输；在接收端，模拟电信号经终端设备解调，然后由用户设备将模拟电信号还原成非电信号，最后送至用户。例如，普通电话传输的信号就是模拟信号，用户线上传送的电信号是随着用户语音大小的变化而变化的,这个连续变化的电信号无论是在时间上还是在幅度上都是连续的。

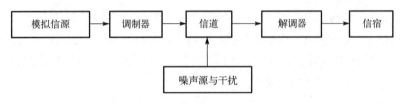

图 1-2　模拟通信系统模型

1.1.3.2　数字通信系统

数字通信系统中传递信息的信号是数字信号，它可传输电报、数字数据等数字信号，也可传输经过数字化处理的语音和图像等模拟信号，数字通信系统模型如图 1-3 所示。数字通信是用数字信号作为载体来传输消息，或用数字信号对载波进行数字调制后再传输的通信方式。由图 1-2 和图 1-3 可以看出，数字通信系统增加了信源编码与译码、信道编码与译码、数字调制与解调及加密与解密等环节。具体内容不再详述，读者可以参考有关书籍。

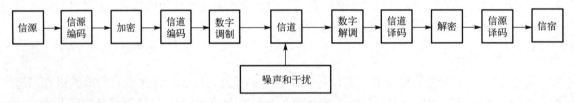

图 1-3　数字通信系统模型

数字通信系统抗干扰能力强，且噪声不积累；传输差错可控，可通过信道编码技术进行检测与纠错从而降低误码率，提高传输质量；易于用现代数字信号处理技术对数字信息进行处理、变换、存储；易于集成化，从而使通信设备微型化，质量减小；易于加密处理，保密性好。数字通信系统已经被应用于更广阔的领域，将来有取代模拟通信系统的可能。

1.1.4　单工、半双工和全双工通信

通信系统的单工、半双工和全双工通信方式，如图 1-4 所示。

（1）单工通信方式是只能单方向传输信息的通信方式，即传输信息的双方，一方为主动传输，另一方为被动接收，这一方不能发送信息，如广播、遥测、遥控、无线寻呼等。

（2）半双工通信方式是通信双方都能发送和接收信息，但同一时间点只能发送或接收信息、不能同时进行的通信方式，如对讲机、问询和检索等。

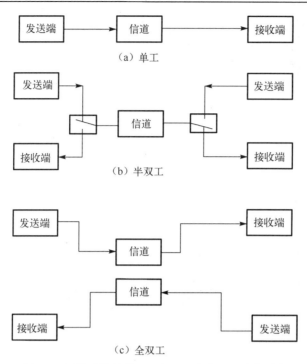

图 1-4 通信系统的单工、半双工和全双工通信方式

（3）全双工通信方式是可以同时进行发送和接收信息的通信方式，这里的信道一般是双向信道，例如，电话采用的就是全双工通信方式，通信双方可以同时说和听。

1.2 历 史 演 变

信息传输是人类社会生活、交流和社会进步的重要内容。从古代的烽火到近代的旗语，都是人们寻求快速远距离通信的手段。1837 年，莫尔斯设计出了著名且简单的电码，称为莫尔斯电码，它是利用"点"、"划"和"间隔"（实际上就是时间长短不一的电脉冲信号）的不同组合来表示字母、数字、标点和符号的，开启了通信的新纪元。1865 年，英国的麦克斯韦总结了前人的科学成果，提出了电磁波学说。1876 年，电话问世，其能够直接将语音信号变为电能沿导线传送。1887 年，德国科学家赫兹（Hertz）用一个振荡偶极子产生了电磁波，在历史上第一次直接验证了电磁波的存在。1897 年，意大利科学家马可尼（Marconi）在赫兹实验的基础上实现了远距离无线电信号的传送，这个距离在当时不过一百码，但一年后他就实现了船只与海岸的通信。

1901 年 12 月 12 日，马可尼做了跨越大西洋传送无线电信号的表演。这一次他把信号从英国发送到了加拿大的纽芬兰，马可尼因此获得了 1909 年的诺贝尔物理学奖。与马可尼分享这一年度诺贝尔物理学奖的是布劳恩（Braun），因为他发现金属硫化物具有单向导电性，这一成果可用于无线电接收装置。1904 年，英国科学家弗莱明（Fleming）获得了一项专利，他在专利说明书中描述了一个高频交变电流整流用的两极真空管，标志着世界进入无线电电子学时代。1906 年，美国科学家福雷斯特（Forest）发明了真空三极管，这是电子技术发展史上一个重要的里程碑。同年，美国科学家费森登（Fessenden）在马萨诸塞州领导了第一次广播。

1912 年，英国科学家埃克尔斯（Eccles）提出了无线电波通过电离层传播的理论，这一理论使得一群业余爱好者在 1921 年实现了短波试验性广播。1921 年，美国的费森登（Fessenden）和阿姆斯特朗（Armstrong）改进了接收机的工作方式，发明了外差式接收系统，这种方式仍是目前许多无线电接收机的主要工作方式。

1938 年，美国科学家香农（Shannon）指出，利用布尔（Boolean）代数能对复杂的开关电路进行分析，由此，电子科学中一个崭新的分支逐渐形成并发展起来，这就是电子计算机最初的理论。一般来说，真正的电子计算机是 1942 年开始研制的 ENIAC（Electronic Numerical Integrator And Computer）。这台计算机直到 1946 年才完成，它主要是为美国陆军阿贝尔丁检验基地计算弹道而设计的，一共用了约 18000 个真空管。

1947 年 12 月 23 日，第一个晶体管在贝尔实验室诞生，这是电子技术发展史上又一个重要的里程碑。

20 世纪 60 年代，中、大规模乃至超大规模集成电路不断涌现，这是电子技术发展史上再一个重要的里程碑。1958 年，美国科学家基尔比（Kilby）造出了世界上第一块集成电路；1967 年研制成大规模集成电路（LSIC）；1978 年研制成超大规模集成电路（VLSIC），从此电子技术进入了微电子技术时代。

20 世纪 50 年代，半导体技术开始在我国受到重视。一批从国外回来的著名科学家（如黄昆、谢希德等）组织一些有志之士开始了半导体的专门化研究，他们培养的学生大多数已成为我国固体物理学界或半导体技术界的学科带头人。

20 世纪初我国首先解决了无线电报通信问题。接着又解决了用无线电波传送语言和音乐的问题，从而开展了无线电话通信和无线电广播。之后传输图像的问题也得到了解决，出现了无线电传真和电视。20 世纪 30 年代中期到第二次世界大战期间，为了防空的需要，无线电定位技术迅速发展且出现了雷达，带动了其他科学的兴起，如无线电天文学、无线电气象学等。自 20 世纪 50 年代以来，宇航技术的发展促进了无线电技术向更高阶段的发展。无线电技术的发展是从利用电磁波传输信息的无线电通信扩展到计算机科学、宇航技术、自动控制及其他各学科领域的。

1.3 通信传播概论

1.3.1 调制

1.3.1.1 调制的概念

用待传输的基带信号去控制高频信号的某一参数（幅度、频率、相位），使该参数按照基带信号的规律变化的过程称为调制。

1.3.1.2 调制的原因

由于信号的频率和波长成反比（$c = \lambda f$，c 是光速，λ 是波长，f 是频率），即波长越长，频率越低，因此，在信号发射中，天线尺寸不能大于波长的十分之一，这样的信号才能有效发射。对于频率低的信号，波长很长，会导致架设的天线尺寸很长，这在现实生活中很难实现。

另外，由于处于相同空间的电磁波信号的频率相差不大，它们之间会相互干扰，因此，传输基带信号时，必须进行高频调制。事实上，基带信号的频率相差不大，而调制后的信号会因载波频率的不同而不同，所以，调制后的信号频率会有所不同，也就不会出现信号间的干扰问题。

1.3.2 无线电波的发送

无线电波发送示意图如图 1-5 所示。由该图可知，无线电波发送所需的器件主要包括振荡器、倍频器、调制放大器和振幅调制器。各组成部分的功能：振荡器产生高频信号；倍频器将高频信号的频率整倍升高至所需值；调制放大器为低频放大器，由低频电压和功率放大器组成，对低频信号进行放大；振幅调制器将高频信号和低频信号变换成高频已调信号，使其以足够大的功率辐射到空间中。

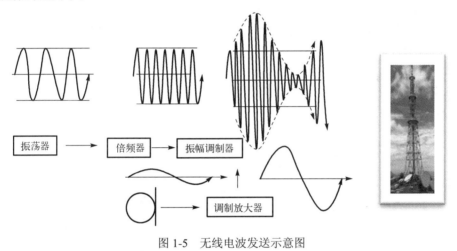

图 1-5　无线电波发送示意图

1.3.3 无线电波的接收

1.3.3.1 超外差接收机

超外差接收机涉及输入信号和本机振荡信号产生一个固定中频信号的过程。如果把接收机收到的广播电台的高频信号变换为一个固定中频信号（仅是频率发生改变，其信号包络仍然和原高频信号包络一样），那么再对此固定中频信号进行放大、检波并加上低放级就成了超外差接收机。在这种接收机中，高频放大器和中频放大器之间须增加一级变换器，通常称为变频器，它的根本任务是把高频信号变换成固定中频信号。由于中频（我国采用 465kHz）较变换前的高频信号的频率（广播电台的频率）低，而且频率是固定的，因此任何电台的信号都能得到相等的放大量。另外，中频的放大量容易做得比较高，且不易产生自激，所以超外差接收机的灵敏度很高。由于外来电台必须经过"变频"变成中频才能通过中频放大回路，因此可以提高接收机的选择性。超外差接收机的变频级装置包括混频器和本机振荡器两个部分。接收天线接收的高频调幅信号经调谐输入回路的选择，送入混频器。本机振荡器（由变频级装置本身产生一个等幅的高频信号）产生的高频等幅振荡电流也送入混频器。通常本机振荡的频率高于外来信号的频率，而且高出的数值要保持一定值，即中频。两种信号在混频器中混频，产生一个新的频率信号，即混频器的根本作用是把输入信号的载波频率同本机振荡器的载波频率进行差拍，在其输出端得到一个"差频"信号，即中频信号，这就是外差作用。我国收音机的中频规定为 465kHz。465kHz 的差频信号仍属高频范围，只是因为它比外来信号的载波频率低才称为"中频"信号。外来的高频调幅信号经过变频以后只是改变了载波频率，原来信号的调制规律没有改变，仍然调制在新的中频信号中，所以变频级输出的中频信号仍然是调幅信号。

1.3.3.2 无线电波接收模型

无线电波接收模型如图 1-6 所示。由图可知，无线电波接收所需的器件主要包括高频放大器、本机振荡器、混频器、中频放大器、检波器和低频放大器。各组成部分的基本功能：高频放大器对所接收的有用信号进行选频放大，同时抑制无用信号，输出频率为 f_c；本机振荡器产生频率为 f_L 的等幅正（余）弦波；混频器对 f_c 和 f_L 两个频率做差频，输出中频，计算表达式为 $f_I = f_L - f_c$；中频放大器对中频信号进行放大，并选频；检波器进行解调，还原原来的基带信号；低频放大器对低频信号进行放大。

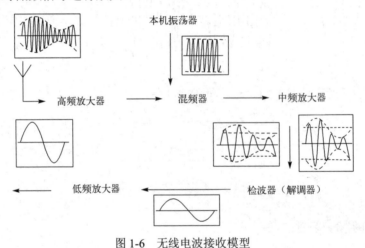

图 1-6 无线电波接收模型

1.3.4 传播方式

1.3.4.1 无线电波段的划分

《中华人民共和国民法典》第二百五十二条规定，无线电频谱资源属于国家所有。无线电资源是受国家管控的，其是有限的不可再生资源。无线电波频率在 3000GHz 以下，是不用人工波导而能够在自由空间（包括空气和真空）传播的电磁波。作为传输载体的无线电波都有固定的频率和波长，即位于无线电频谱中的一定位置，并占据一定的宽度。无线电频谱一般指9kHz～3000GHz 频率范围内发射无线电波的无线电频率的总称。当然，这个范围不统一，也不泛指这个频率范围。很显然，在这么宽的频率范围内，信号的处置会显著不同，这样就诞生了频段的概念，即按照波长或频率将无线电波划分为若干区域。无线电波段划分及典型应用和常见的电波频率分别如表 1-1 和表 1-2 所示。

表 1-1　无线电波段划分及典型应用

频率范围/Hz	频段名称	波段名称	波长范围	典型应用
3～30	极低频（ELF）	极长波	10～100Mm	远程导航、水下通信
30～300	超低频（SLF）	超长波	1～10Mm	水下通信
300～3000	特低频（ULF）	特长波	0.1～1Mm	远程通信
3k～30k	甚低频（VLF）	甚长波	10～100km	远程导航、水下通信、声呐
30k～300k	低频（LF）	长波	1～10km	导航、水下通信、无线电信标
300k～3000k	中频（MF）	中波	0.1～1km	广播、海事通信、测向、遇险求救、海岸警卫
3M～30M	高频（HF）	短波	10～100m	远程广播、电报、电话、传真、搜寻救生、飞机和船只间通信、船-岸通信、业余无线电
30M～300M	甚高频（VHF）	超短波	1～10m	电视、调频广播、陆地交通、空中交通管制、出租汽车、警察、导航、飞机通信
0.3G～3G	特高频（UHF）	分米波	0.1～1m	电视、蜂窝网、微波链路、无线电探空、导航、卫星通信、全球定位系统（GPS）、监视雷达、无线电高度计
3G～30G	超高频（SHF）	厘米波	1～10cm	卫星通信、无线电高度计、微波链路、机载雷达、气象雷达、公用陆地移动通信
30G～300G	极高频（EHF）	毫米波	1～10mm	雷达着陆系统、卫星通信、移动通信、铁路业务
300G～3T	太赫兹或超极高频	亚毫米波	0.1～1mm	未划分，实验用
43T～430T	红外	—	0.7～7μm	光通信系统
430T～750T	可见光	—	0.4～0.7μm	光通信系统
750T～3000T	紫外线	—	0.1～0.4μm	光通信系统

注：$1kHz = 10^3Hz$，$1MHz = 10^6Hz$，$1GHz = 10^9Hz$，$1THz = 10^{12}Hz$，$1mm = 10^{-3}m$，$1μm = 10^{-6}m$。

表 1-2　常见的电波频率

常见电波	相应频率
中波广播	530～1700kHz
短波广播	5.9～26.1MHz
调频广播	88～108MHz
业余无线电	50～54MHz、144～148MHz、216～220MHz、222～225MHz、420～450MHz
电视广播	54～72MHz、76～88MHz、174～216MHz、470～608MHz
遥控	72～73MHz、75.2～76MHz、218～219MHz
移动通信	900MHz、1.8GHz、1.9GHz、2GHz
无线局域网，蓝牙（ISM 频段）	2.4～2.5GHz、5～6GHz
卫星直播电视	12.2～12.7GHz、24.75～25.05GHz、25.05～25.25GHz
全球定位系统	1215～1240MHz、1350～1400MHz、1559～1610MHz
射频识别（RFID）	13MHz

　　这里说明一下，频率和波段的划分不是绝对的。事实上，它们之间没有严格的分界线，在不同的场合和不同的使用条件下，会有不同。例如，我们常常提到的高频就是个相对概念，没有确切定义说明，在哪个范围内的频率是高频，而在这个范围之外就不是高频，有时候，可以将实际电路的尺寸和工作波长进行比较，如果小得多，即不可比拟并且可以用集中参数来实现，都可以认为是高频。

1.3.4.2 无线电波的传播

无线电波是以电磁波的方式传播的，无线电波的传播是通信系统的重要环节。电磁波一般分为三种传播方式，分别是沿地面传播、沿空间直线传播和依靠电离层传播，电磁波的传播如图 1-7 所示。

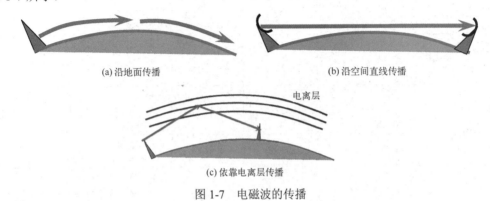

图 1-7　电磁波的传播

（1）电磁波沿地面传播。由于地面不是理想的导体，在传播过程中一定有能量损耗，而损耗会随着电磁波频率的升高而增加，但地面的导电特性比较稳定，在短时间内变化不大，因此，电磁波沿地面传播的稳定性很好，并且传播距离相对比较远，通常适用于中、长波范围的信号，可用于导航和播送标准时间信号。

（2）电磁波沿空间直线传播。由于地球表面是弯曲的，因此沿空间直线传播也叫视距传播，即能够在视野范围内传播，这种传播距离短，适合频率超过 30MHz 以上的超短波，主要应用在中继通信、调频和电视广播、雷达及导航系统中。

（3）电磁波依靠电离层传播。这种方式主要靠电离层对电磁波的反射和折射传播。很显然，电离层就是地球表面具有一定厚度的大气层，在阳光的照射下，位于大气层上部的气体被电离，被电离成自由电子和离子的大气层就叫电离层。电磁波到达电离层后，由于电离层的反射和折射，一部分能量被吸收，另一部分能量被反射和折射到地面上，这部分被反射和折射到地面上的电磁波就是我们所需要的。一般来说，频率高的电磁波透射电离层而消逝，频率低的电磁波被反射到地面上，利用这部分反射的电磁波可以实现信号的远距离传播。但由于电离层会受到白天和黑夜的影响，因此其厚度和包含的离子数目会有不同，从而导致电离层不稳定，影响信号的稳定传播，这种信号传播适用于远距离无线电广播、电话通信及中距离小型移动电台等。随着技术的发展，人们发现，除了依靠电离层的反射和折射进行信号传播，还可以利用对流层（电离层）的散射来实现信号传播，超短波和微波适用于这种远距离传播，这也就是散射通信。

1.4　非线性电路概要

1.4.1　线性电路和非线性电路

1.4.1.1　线性元件和非线性元件

在金属导体中，电流与电压成正比，伏安特性曲线是通过坐标原点的直线 ，具有这种伏安特性的电学元件叫作线性元件 ，如电阻、电感和电容等。在电子电路中，非线性元件也称为非线性器件，是电流-电压关系为非线性的电子元件，如二极管、三极管等。

1.4.1.2 线性电路和非线性电路的概念

全部由线性或处于线性工作状态的元器件组成的电路叫作线性电路；含有非线性元件或处于非线性工作状态的元件的电路，叫作非线性电路。

1.4.2 非线性电路的特点

下面从具体实例出发，得出非线性电路的特点，也是高频电子线路研究的核心。

已知两个交流电压 u_1 和 u_2，设 $u_1 = U_{1m}\cos(\omega_1 t)$，$u_2 = U_{2m}\cos(\omega_2 t)$，其中 U_{1m}、ω_1 分别是 u_1 的振幅和角频率，U_{2m}、ω_2 分别是 u_2 的振幅和角频率，将 u_1 和 u_2 的余弦表达式代入 $u = (u_1+u_2)^2 = u_1^2+u_2^2+2u_1u_2$，经过整理化简得

$$
\begin{aligned}
u = (u_1 + u_2)^2 &= [U_{1m}\cos(\omega_1 t) + U_{2m}\cos(\omega_2 t)]^2 \\
&= (U_{1m}^2 + U_{2m}^2)/2 + && \text{直流分量} \\
&\quad [U_{1m}^2\cos(2\omega_1 t) + U_{2m}^2\cos(2\omega_2 t)]/2 + && \text{二次谐波} \\
&\quad U_{1m}U_{2m}\cos(\omega_1 + \omega_2)t + && \text{频率和分量} \\
&\quad U_{1m}U_{2m}\cos(\omega_1 - \omega_2)t && \text{频率差分量}
\end{aligned}
$$

从以上推导过程可以看出，非线性电路具有以下特点。

（1）在表达式中，产生了新的频率分量，即频率和分量及频率差分量，具有频率变换作用。

（2）在分析上，非线性电路不适用于叠加定理。

（3）当作用信号很小且工作点取得适当时，非线性电路可近似按线性电路来分析。

1.5 量子通信简介

量子力学和相对论是 20 世纪的两大科学革命。量子不是原子、电子、质子、中微子等，但又是它们，其实量子是离散变化的最小单元。微观世界中的离散变化包括物质组成的离散变化和物理量的离散变化两类。自然界中离散变化的东西很多。例如，我们上台阶时，可以上一个台阶、两个台阶，但通常没有上半个台阶的说法，这里的一个台阶就是一个量子；阴极射线是由一个个电子组成的，一般不能分出半个电子，所以电子就是阴极射线的量子；宇宙中有一个个星体，但没有小数量级的星体存在，一个个星体就是宇宙的量子。再如，物理学中能量的取值量子化，如原子的能级；光电效应中的光子是一份一份的；电路中的脉冲电压、脉冲电流，数学中的阶跃函数等都是离散化的。离散化是微观世界的一个本质特征，量子力学就是准确描述微观世界的物理学理论。量子力学无处不在，它不仅研究微观世界，也研究宏观世界；不仅研究原子、分子、激光等，而且也研究宏观物质的导电性、导热性、硬度、晶体结构、相变等性质。

量子力学与信息科学的交叉学科——量子信息（见图 1-8）的研究内容包含量子通信、量子计算和量子精密测量。其中量子计算包含量子因数分解（破解最常用的密码体系）和量子搜

索（用途最广泛的量子算法）；量子通信包含量子隐形传态（"传送术"，最富有科幻色彩的应用）和量子密码术；量子精密测量是指通过提出新的物理原理和制造精密仪器来测量基本物理量，如活细胞内部的微小结构、化学反应的动力学、光的频率、干涉仪的相位等。这里不再做过多的解释，有兴趣的读者可参考中国科学技术大学化学博士袁岚峰的撰文《你完全可以理解量子信息》。

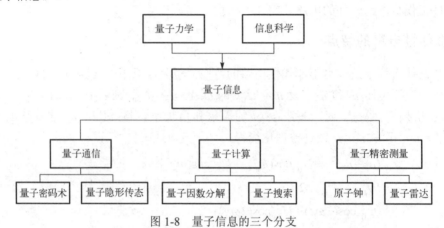

图 1-8　量子信息的三个分支

量子通信（Quantum Communication）是指利用量子纠缠效应进行信息传递的一种新型的通信方式。量子通信是 20 世纪 80 年代开始发展起来的新型交叉学科，是量子论和信息论相结合的新的研究领域。在量子通信方面，我国处于领先地位，欧洲各国和美国都投入了很多努力，跟随着我国发展。1997 年中国第一次实现量子隐形传态，2015 年中国科学技术大学教授潘建伟等人发表了《单个光子的多个自由度的量子隐形传态》；2016 年我国发射了"墨子号"量子科学实验卫星，首次实现了卫星与地面站之间的量子密钥分发。这是量子通信的一种技术，用它可以实现"无条件安全"的保密通信，即无法被数学破解。2021 年 5 月，潘建伟教授团队成功研制了 62bit 可编程超导量子计算原型机"祖冲之号"，并在此基础上实现了可编程的二维量子行走。同年 10 月，该团队构建了 66bit 可编程超导量子计算原型机"祖冲之二号"，实现了对"量子随机线路取样"任务的快速求解。同月，中国科学家发展了量子光源受激放大的理论和实验方法，构建了 113 个光子 144 模式的量子计算原型机"九章二号"（见图 1-9），并实现了相位可编程功能，完成了对用于演示"量子计算优越性"的高斯玻色取样任务的快速求解。根据目前已正式发表的最优化经典算法，"九章二号"在高斯玻色取样这个问题上的处理速度比最快的超级计算机快 10^{24} 倍。这一成果再次刷新了国际上光量子操作的技术水平，进一步提供了量子计算加速的实验证据，以上成果标志着我国成为目前唯一同时在两种物理体系都实现"量子优越性"的国家。（参考袁岚峰的著作《量子信息简话》，中国科学技术大学出版社，2021。）

图 1-9　"九章二号"量子计算原型机实物图

1.6　思　维　导　图

本书的知识思维导图如图 1-10 所示。

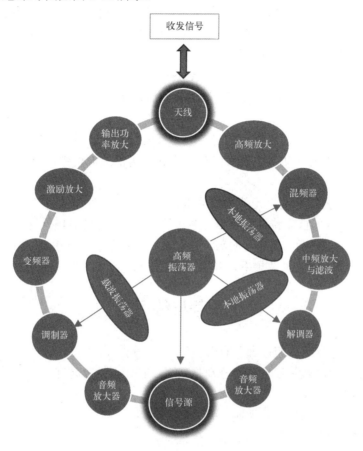

图 1-10　本书的知识思维导图

【难点释疑】

调制和非线性电路的概念是本章的难点。

打个比方，从甲地到乙地，距离很远，去时乘坐的交通工具可以是汽车、火车和飞机，而乘坐交通工具的乘客就是去乙地的办事员，他首先选择交通工具，购票，其次乘坐交通工具到达乙地，最后和工具分离，在乙地办事。在这个过程中，高速运行的交通工具就是载体，乘客是信息。整个过程包含了调制、传播和解调，购票乘车相当于调制，乘车途中相当于传播过程，乘客和交通工具分离相当于解调。

非线性，就是伏安特性曲线不再是直线而是曲线，如二极管、三极管的伏安特性曲线等。正是由于非线性器件的伏安特性是条曲线，才使得它们具有调制和解调等功用。在本书中主要讲解，在非线性器件伏安特性曲线的静态工作点附近运用数学的思想，把一个信号用傅里叶级数、麦克劳林级数等展开，会发现众多的频率分量，呈现出复杂的关系式，对其表达式的频率信号进行处理，就能按照要求得到需要的频率信号（如基频）。

本 章 小 结

通信系统是用电信号（或光信号）传输信息的系统，由信源、发送设备、信道、接收设备和信宿构成。通信系统有两种比较常见的分类：一是按传输媒介不同分为有线通信系统和无线通信系统；二是按传输的信号特征不同分为模拟通信系统和数字通信系统。

调制是用待传输的基带信号控制高频信号某一参数的过程。其中模拟调制是指用模拟基带信号对高频余弦载波进行调制，有调幅（AM）、调频（FM）和调相（PM）三种形式；数字调制是指用数字基带信号对高频余弦载波进行调制，有幅移键控（ASK）、频移键控（FSK）和相移键控（PSK）三种形式。

通信系统无外乎就是发射和接收信号，要掌握发射和接收过程的框图，对每一步从细节上进行掌握。依据不同的介质，电磁波的传播方式分为沿地面传播、沿空间直线传播和依靠电离层传播。

高频电子线路主要指非线性元件构成的电路。非线性元件指的是该元件的伏安特性曲线是一条曲线。如果元件的伏安特性曲线是一条直线，那么该元件是线性元件。在曲线的静态工作点处用高等数学中的级数（傅里叶级数、麦克劳林级数和泰勒级数等）进行变换，可以产生新的频率分量，如频率和分量及频率差分量，这是非线性元件的重要特点之一。

思考与练习

1. 什么是通信系统？其组成部分有哪些？
2. 模拟通信系统和数字通信系统分别是什么？有什么主要区别？
3. 什么是非线性电路？有哪些特点？
4. 信号发射前为什么要进行调制？
5. 简述无线电波发送和接收的过程。
6. 已知频率为 1Hz、1kHz、1MHz 、1GHz、1THz，分别求它们对应的波长并指出所在波段的名称。
7. 为什么在无线电通信中要使用"载波"，其作用是什么？
8. 在无线电通信中为什么要采用"调制"与"解调"，各自的作用是什么？
9. 试说明模拟信号和数字信号的特点。它们之间的相互转换应采用什么器件实现？

第2章 小信号谐振放大器

 内容提要

本章的主要内容包括 LC 谐振电路的串联和并联，当谐振电路有信号源驱动和带负载时，会引起整个电路的品质因数下降，用变压器阻抗变换、电感分压器阻抗变换和电容分压器阻抗变换可以提高电路的品质因数；小信号谐振放大器由 LC 谐振电路和小信号放大器两部分组成，具有选频和放大的作用。

 学习目标

了解晶体管 Y 参数等效电路的工作原理。

掌握串、并联谐振电路的谐振条件、谐振特性、谐振曲线、通频带、相频特性曲线。

掌握串、并联谐振电路中信号源内阻、负载对谐振电路的影响。

掌握并联谐振电路阻抗变换的基本概念和三种变换类型。

熟悉单调谐电路谐振放大器的工作原理、性能指标及稳定性分析，掌握电压增益、通频带的简易计算。

思政剖析

树立爱祖国、爱学校、爱班级和爱同学的良好氛围。新中国成立以来，我国科技领域的发展从基础研究、科技工程再到前沿技术都取得了瞩目成就，"上可九天揽月，下可五洋捉鳖"，在载人航天、探月探火、深海/深地探测、超级计算机、卫星导航、量子信息、核电技术、大飞机制造、生物医药等方面都取得了重大成果，让梦想变为了现实。我们要注重培养学生的爱国情怀，提高学生的民族自豪感，培养学生埋头苦干、锲而不舍的科研态度和潜心钻研、淡泊名利的治学精神，为学生将来成为建设祖国的主力军打下基础。

2.1 谐振电路

谐振在力学中叫作共振，在电学中叫作谐振，当外界电磁波的频率和某一电路的固有频率相等或相近时，电路中物理量的振幅急剧增大，我们就说这个电路发生了谐振，称这个电路为谐振电路。由电路知识可知，对于发生谐振的电路，电路两端的电压和电流同相，而电压和电流同相表明电路的性质呈现阻性。常见的电路是 LC 谐振电路，有时也称为 LC 选频网络，当外界给予一定能量，电路参数满足一定关系时，可以在回路中产生电压和电流的周期振荡回路，由电感线圈和电容组成。若该电路在某一频率的交变信号作用下，能在电抗元件上产生最大电压或流过最大电流，即具有谐振特性，则称该电路为谐振电路。高频谐振电路是高频电路中应用最广的无源网络，也是构成高频放大器、振荡器及各种滤波器的主要部件，其在电路中

完成阻抗变换、信号选择等任务，并可直接作为负载。常见的谐振电路分为串联谐振电路、并联谐振电路和耦合谐振电路，其作用是利用电路的选频特性构成各种谐振放大器，在自激振荡器中充当谐振回路，在调制、变频、解调时充当选频网络。而 LC 谐振电路分为 LC 串联谐振电路和 LC 并联谐振电路。

2.1.1 LC 串联谐振电路

图 2-1 所示为 LC 串联电路，图中 U_s 是电压源的电动势，R_s 是电压源的内阻。下面探讨在谐振状态时 LC 串联电路各参数的变化规律。

2.1.1.1 复阻抗

在串联电路中，电路的复阻抗计算公式为

$$Z = R + j(X_L - X_C) = R + j\left(\omega L - \frac{1}{\omega C}\right) \qquad (2\text{-}1)$$

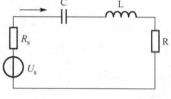

图 2-1 LC 串联电路

式中，R 为电路中的电阻值；L 为电感元件的自感值；C 为电容元件的电容值；ω 为交流电的角频率。根据谐振的性质可知，谐振电路呈阻性。在式（2-1）中，感抗 X_L 和容抗 X_C 相等，所以在谐振状态下，谐振电路的复阻抗 $Z = R$。

2.1.1.2 谐振频率

在谐振状态下，串联电路的谐振角频率为 ω_0，且感抗和容抗相等，即 $\omega_0 L = \dfrac{1}{\omega_0 C}$，从而得到谐振角频率为

$$\omega_0 = \frac{1}{\sqrt{LC}}$$

所以对应的谐振频率为

$$f_0 = \frac{1}{2\pi\sqrt{LC}} \qquad (2\text{-}2)$$

2.1.1.3 品质因数

品质因数是电路中除功率因数之外的又一个比较重要的参数，它是用来描述电路中能量损耗多少的物理量。在谐振条件下，品质因数是电路中储存能量与消耗能量的比值，其表达式为

$$Q = \frac{i_i^2 \omega_0 L}{i_i^2 R} = \frac{\omega_0 L}{R} = \frac{i_i^2 / (\omega_0 C)}{i_i^2 R} = \frac{1}{\omega_0 RC} \qquad (2\text{-}3)$$

2.1.1.4 阻抗的频率特性

阻抗的频率特性指的是阻抗和频率之间的函数关系，由式（2-1）可得

$$Z = R + j\left(\omega L - \frac{1}{\omega C}\right) = R\left[1 + j\frac{\omega_0 L}{R}\left(\frac{\omega}{\omega_0} - \frac{\omega_0}{\omega}\right)\right]$$

由于 $Q = \dfrac{\omega_0 L}{R}$ ，且 $\left(\dfrac{\omega}{\omega_0} - \dfrac{\omega_0}{\omega} \right) = \dfrac{\omega^2 - \omega_0^2}{\omega_0 \omega} = \dfrac{(\omega - \omega_0)(\omega + \omega_0)}{\omega_0 \omega} \approx \dfrac{2\Delta\omega}{\omega_0}$ ，式中，$\Delta\omega = \omega - \omega_0$ ，所以有

$$Z = R\left[1 + jQ \dfrac{2\Delta\omega}{\omega_0} \right] = |Z|\, \mathrm{e}^{j\varphi} \tag{2-4}$$

式中，$|Z| = \sqrt{1 + \left(Q\dfrac{2\Delta\omega}{\omega_0} \right)^2}$ ； $\varphi = \arctan\left(Q\dfrac{2\Delta\omega}{\omega_0} \right)$ 。

由式（2-4）可得阻抗的幅频特性和相频特性，由此可画出幅频特性曲线和相频特性曲线，分别如图 2-2（a）和图 2-2（b）所示，从曲线图上可得到 LC 串联电路复阻抗的频率特性，具体讨论如下。

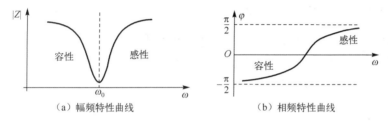

（a）幅频特性曲线   （b）相频特性曲线

图 2-2 LC 串联电路复阻抗的频率特性

（1）由 $\Delta\omega = \omega - \omega_0 > 0$ 得，$\varphi > 0$ ，即 $\omega L - \dfrac{1}{\omega C} > 0$ ，这说明在串联电路中，电感的性质占优势，所以该 LC 串联电路的性质呈感性。

（2）由 $\Delta\omega = \omega - \omega_0 < 0$ 得，$\varphi < 0$ ，即 $\omega L - \dfrac{1}{\omega C} < 0$ ，这说明在串联电路中，电容的性质占优势，所以该 LC 串联电路的性质呈容性。

（3）由 $\Delta\omega = \omega - \omega_0 = 0$ 得，$\varphi = 0$ ，即 $\omega L - \dfrac{1}{\omega C} = 0$ ，这说明在串联电路中，感抗等于容抗，电路两端的电压和电流同相，所以该 LC 串联电路的性质呈阻性。

2.1.1.5 谐振曲线

在频域下，电流和频率之间的函数关系称为谐振曲线，一般用归一化曲线表示，也就是说谐振曲线是根据任意频率下的电流和谐振时的电流的比值与频率的关系绘制出的曲线，在任意频率下的电流和谐振时的电流的比值的模用 β 表示为

$$\beta = \left| \dfrac{i}{i_0} \right| = \left| \dfrac{\dfrac{u}{Z}}{\dfrac{u}{Z_0}} \right| = \left| \dfrac{Z_0}{Z} \right| = \left| \dfrac{1}{1 + jQ\dfrac{2\Delta\omega}{\omega_0}} \right| = \dfrac{1}{\sqrt{1 + \left(Q\dfrac{2\Delta\omega}{\omega_0} \right)^2}} \tag{2-5}$$

对应的串联谐振回路两端电流的相位为 $\varphi = -\arctan\left(Q\dfrac{2\Delta\omega}{\omega_0} \right)$ 。

　　归一化得到的幅频特性曲线和相频特性曲线如图 2-3 所示。从图中可以看出，幅频特性曲线和相频特性曲线均画出了品质因数为 Q_1、Q_2 的两条曲线。根据曲线的平缓和陡峭程度得出 $Q_2 > Q_1$，即陡峭的曲线对应的品质因数更大。

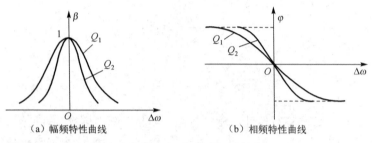

（a）幅频特性曲线　　　　　　　　　（b）相频特性曲线

图 2-3　归一化得到的幅频特性曲线和相频特性曲线（$Q_2 > Q_1$）

2.1.1.6　谐振时电压和电流的关系

　　RLC 串联电路如图 2-4 所示，图中电阻 R、电感 L、电容 C 三个元件两端的电压分别为 u_R、u_L、u_C，U_s 是电压源的电动势，R_s 是电压源的内阻。

　　当电路发生谐振时，电路中的电流 i_0 为

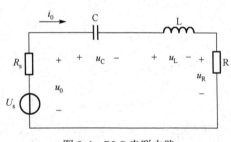

图 2-4　RLC 串联电路

$$i_0 = \frac{u_0}{R} \quad （最大值）$$

电路中电感元件两端的电压为

$$u_L = i_0 \cdot j\omega_0 L = j\frac{\omega_0 L}{R} u_0 = jQu_0$$

电路中电容元件两端的电压为

$$u_C = i_0 \cdot \frac{1}{j\omega_0 C} = -j\frac{1}{\omega_0 CR} u_0 = -jQu_0$$

　　由此可以得到，在交流电路中，所有参数两端的电压之和不等于电源的电压，甚至比电源的电压要大得多，在这里，电感和电容两端的电压比电源的电压大 Q 倍。

2.1.1.7　通频带

　　串联电路的电流谐振曲线如图 2-5 所示。

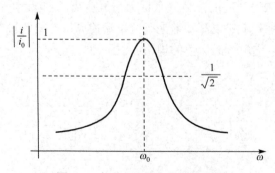

图 2-5　串联电路的电流谐振曲线

在图 2-5 所示的电流谐振曲线中，在 $\dfrac{1}{\sqrt{2}}$ 处做一条平行于横轴的直线，该直线与谐振曲线有两个交点，两个交点间的频率间隔是频率的宽度，称为通频带，并以 $\text{BW}_{0.7}$ 表示。

将位于 0.707 处的两个交点间的通频带记为 $\text{BW}_{0.7}$，在串联电路中，由 $\beta = \left|\dfrac{i}{i_0}\right| = \dfrac{1}{\sqrt{2}}$ 得

$\dfrac{1}{\sqrt{1 + \left(Q\dfrac{2\Delta\omega}{\omega_0}\right)^2}} = \dfrac{1}{\sqrt{2}}$，通过计算得到通频带 $\text{BW}_{0.7}$ 的公式为

$$\text{BW}_{0.7} = 2\Delta\omega = \frac{\omega_0}{Q} \text{ 或 } \frac{f_0}{Q} \tag{2-6}$$

同理，将位于 0.1 处的两个交点间的通频带记为 $\text{BW}_{0.1}$，令式（2-5）等于 0.1，计算得 $1 + \left(Q\dfrac{2\Delta\omega}{\omega_0}\right)^2 = 100$，所以，$\text{BW}_{0.1} = \sqrt{99}\,\dfrac{\omega_0}{Q} \approx 9.95\text{BW}_{0.7}$。

由上述讨论得矩形系数的公式为 $K = \dfrac{\text{BW}_{0.1}}{\text{BW}_{0.7}} \approx 9.95$。矩形系数是用来描述电路对信号选择性好坏的物理量，其中选择性指从空间的众多频率信号中选出有用信号、抑制干扰信号的能力。一般地，通频带越窄，谐振电路对信号的选择性越好；通频带越宽，谐振电路对信号的选择性越差。电路对信号的选择性用矩形系数描述更恰当，它们之间的关系是，矩形系数越接近于 1，电路对信号的选择性越好。

2.1.1.8　信号源内阻和负载对回路的影响

包含信号源内阻和负载的串联电路如图 2-6 所示。

当串联谐振电路中有信号源内阻和负载时，整个电路的品质因数为

$$Q_{\text{L}} = \frac{\omega_0 L}{R + R_{\text{s}} + R_{\text{L}}}$$

而固有品质因数为 $Q_0 = \dfrac{\omega_0 L}{R}$。显然，$Q_{\text{L}} > Q_0$，就是说，当串联谐振电路中有信号源内阻和负载时，电路的品质因数会下降。根据品质因数的物理意义可知，品质因数下降会导致电路的能耗增加，通频带变宽，电路对信号的选择性变差。

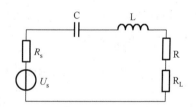

图 2-6　包含信号源内阻和负载的串联电路

2.1.2　LC 并联谐振电路

LC 并联电路如图 2-7 所示，图中 I_{s} 为电流源的恒定电流。下面探讨在谐振状态时 LC 并联电路各参数的变化规律。

2.1.2.1　复阻抗

这里计算复阻抗时，需要注意的是，图 2-7 所示电路中的参数共有三个，其中一个是隐含参数，即电感的内阻 r，

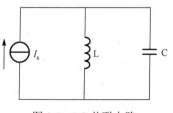

图 2-7　LC 并联电路

根据并联电路的特点可得复阻抗的计算公式为

$$Z = \frac{(r + j\omega L)[1/(j\omega C)]}{r + j\omega L + 1/(j\omega C)}$$

在上式中，r 的值通常很小，即 $r \ll \omega L$，因此可以将上式简化为

$$Z \approx \frac{\dfrac{L}{C}}{r + j\omega L + \dfrac{1}{j\omega C}} = \frac{\dfrac{L}{C}}{r + j[\omega L - 1/(\omega C)]}$$

根据谐振电路的性质得，当 $\omega L = \dfrac{1}{\omega C}$ 时，电路发生谐振，此时电路呈现阻性，并且阻值达到最大，将此阻值称为谐振阻抗，记为 R_P，其表达式为

$$R_P = \frac{L}{Cr} \tag{2-7}$$

2.1.2.2 谐振频率

当并联电路发生谐振时，电路中的感抗和容抗相等，即 $\omega L = \dfrac{1}{\omega C}$，对应的频率是谐振频率，记为 ω_0，因此有谐振角频率和频率分别为

$$\omega_0 = \frac{1}{\sqrt{LC}}$$

$$f_0 = \frac{1}{2\pi\sqrt{LC}} \tag{2-8}$$

谐振频率是电路的重要参数之一，今后在电路分析中会经常用到。

2.1.2.3 品质因数

电路的品质因数 Q 反映谐振电路能量损耗的大小，根据定义得

$$Q = \frac{\omega_0 L}{r} = \frac{1}{r\omega_0 C}$$

将式（2-8）的 ω_0 代入上式得

$$Q = \frac{\sqrt{\dfrac{L}{C}}}{r} = \frac{R_P}{\sqrt{\dfrac{L}{C}}} \tag{2-9}$$

从品质因数的物理意义可以看出，它可以衡量一个电路损耗的能量，并对设计电路具有重大意义，今后在电路分析中也会经常用到。

2.1.2.4 阻抗的频率特性

并联电路的阻抗和频率间的关系是电路阻抗的频率特性，相应的表达式为

$$Z \approx \frac{L/C}{r + \mathrm{j}\left(\omega L - \dfrac{1}{\omega C}\right)} = \frac{L/(rC)}{1 + \mathrm{j}\left(\omega L - \dfrac{1}{\omega C}\right)/r}$$

$$= \frac{R_{\mathrm{P}}}{1 + \mathrm{j}Q\left(\dfrac{\omega}{\omega_0} - \omega_0/\omega\right)} = \frac{R_{\mathrm{P}}}{1 + \mathrm{j}Q\left[\dfrac{(\omega - \omega_0)(\omega + \omega_0)}{\omega \omega_0}\right]}$$

在谐振电路中通常研究 ω_0 附近的频率特性，故 $\omega + \omega_0 \approx 2\omega_0$，$\omega \omega_0 \approx \omega_0^2$，代入上式化简得

$$Z = \frac{R_{\mathrm{P}}}{1 + \mathrm{j}Q\dfrac{2\Delta\omega}{\omega_0}} \tag{2-10}$$

则并联电路的复阻抗的模和辐角分别为

$$|Z| = \frac{R_{\mathrm{P}}}{\sqrt{1 + \left(Q\dfrac{2\Delta\omega}{\omega_0}\right)^2}}$$

$$\varphi = -\arctan\left(Q\dfrac{2\Delta\omega}{\omega_0}\right)$$

从幅频特性和相频特性来看，当电路发生谐振时，电路的相移为零，电路阻抗最大且为纯电阻；当电路发生失谐时，电路有相移，且电路阻抗下降。当 $\Delta\omega > 0$ 时，并联电路呈容性，相移为负；当 $\Delta\omega < 0$ 时，并联电路呈感性，相移为正。根据式（2-10）可绘制出并联谐振电路的幅频特性曲线和相频特性曲线，如图 2-8 所示。

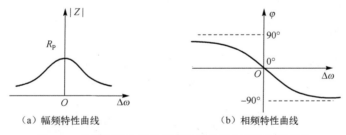

（a）幅频特性曲线　　　　　　　（b）相频特性曲线

图 2-8　并联谐振电路的幅频特性曲线和相频特性曲线

2.1.2.5　电压谐振曲线

LC 并联谐振电路如图 2-9 所示，图中 $\dot{I}_{\mathrm{s}}$ 是恒流源电流的相量表示，$\dot{U}_0$ 是谐振电路的输出电压相量。

并联电路在任一频率下对应的输出电压为

$$\dot{U}_0 = \dot{I}_{\mathrm{s}} Z = \dot{I}_{\mathrm{s}} \frac{R_{\mathrm{P}}}{1 + \mathrm{j}Q\dfrac{2\Delta\omega}{\omega_0}} = \frac{\dot{U}_{\mathrm{P}}}{1 + \mathrm{j}Q\dfrac{2\Delta\omega}{\omega_0}}$$

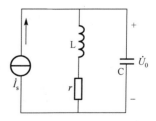

整理化简得

图 2-9　LC 并联谐振电路

$$\frac{\dot{U}_0}{\dot{U}_P} = \frac{1}{1 + jQ\dfrac{2\Delta\omega}{\omega_0}} = \frac{1}{1 + jQ\dfrac{2\Delta f}{f_0}} \tag{2-11}$$

式中，$\dot{U}_P$ 为并联电路谐振时的输出电压。

式（2-11）对应的模和幅角的表达式分别为

$$\left|\frac{\dot{U}_0}{\dot{U}_P}\right| = \frac{1}{\sqrt{1 + \left(Q\dfrac{2\Delta f}{f_0}\right)^2}}$$

$$\varphi = -\arctan\left(Q\frac{2\Delta f}{f_0}\right)$$

归一化得到的幅频特性曲线和相频特性曲线如图 2-10 所示，从幅频特性曲线和相频特性曲线可以看出，谐振时电路的相移为零。当 $\Delta\omega>0$ 时，并联电路呈容性，相移为负；当 $\Delta\omega<0$ 时，并联电路呈感性，相移为正。曲线越陡峭，其对应的品质因数越大。

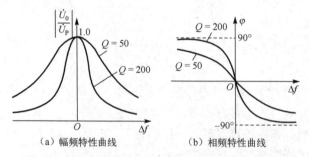

（a）幅频特性曲线　　　　（b）相频特性曲线

图 2-10　归一化得到的幅频特性曲线和相频特性曲线

2.1.2.6　通频带

并联电路的电压谐振曲线对应的通频带和选择性如图 2-11 所示。

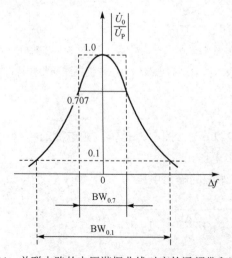

图 2-11　并联电路的电压谐振曲线对应的通频带和选择性

如图 2-11 所示，在 0.707 的位置处绘制一条和横轴平行的直线，和幅频特性曲线有两个交点，两个交点之间的频率宽度就是通频带，记为 $\text{BW}_{0.7}$，同样，在 0.1 的位置处绘制的和横轴平行的直线和曲线也有两个交点，这两个交点之间的频率间隔称为选择性，记为 $\text{BW}_{0.1}$。如前所述，通频带和选择性是相互制约的关系，但准确描述选择有用信号的好坏不采用 $\text{BW}_{0.1}$，而是采用矩形系数，即幅频特性曲线越接近于矩形，选择性越好，用 K 来表示，其表达式为

$$K = \frac{\text{BW}_{0.1}}{\text{BW}_{0.7}} \tag{2-12}$$

通频带的计算公式为

$$\text{BW}_{0.7} = 2\Delta\omega = \frac{\omega_0}{Q} \text{ 或 } \frac{f_0}{Q} \tag{2-13}$$

选择性的计算公式是

$$\text{BW}_{0.1} = 10f_0 / Q \tag{2-14}$$

综上所述，谐振电路的品质因数越高，电路的能量损耗越低，通频带越窄，选择性越好，相应的幅频特性曲线和相频特性曲线越陡峭；反之，谐振电路的品质因数越低，电路的能量损耗越高，通频带越宽，选择性越差，相应的幅频特性曲线和相频特性曲线越平缓。

思考：是否电路的通频带越窄，该电路对有用信号的选择性一定越好？

例 2-1　在图 2-7 所示的并联电路中，已知 $L = 180\mu\text{H}$，$C = 140\text{pF}$，$r = 10\,\Omega$，试求：

（1）f_0、Q、R_P；

（2）$\Delta f = \pm 10\text{kHz}$、$\pm 50\text{kHz}$ 时的等效阻抗和相移。

解：（1）由式（2-8）得

$$f_0 = \frac{1}{2\pi\sqrt{LC}} = \frac{1}{2\pi\sqrt{180\times 10^{-6}\times 140\times 10^{-12}}} \text{ Hz} \approx 1\text{MHz}$$

由式（2-9）得

$$Q = \frac{\sqrt{\dfrac{L}{C}}}{r} = \frac{\sqrt{\dfrac{180\times 10^{-6}}{140\times 10^{-12}}}}{10} \approx 113$$

由式（2-7）得

$$R_\text{P} = \frac{L}{Cr} = \frac{180\times 10^{-6}}{140\times 10^{-12}\times 10}\,\Omega \approx 129\text{k}\Omega$$

（2）当 $\Delta f = \pm 10\text{kHz}$ 时，将式（2-10）中的 $\Delta\omega$ 用 Δf 代替（$\Delta\omega = 2\pi\Delta f$）得到复阻抗的模和辐角分别为

$$|Z| = \frac{R_\text{P}}{\sqrt{1 + \left(Q\dfrac{2\Delta f}{f_0}\right)^2}} = \frac{129\text{k}\Omega}{\sqrt{1 + \left(113\times \dfrac{2\times 10}{1000}\right)^2}} \approx 52\text{k}\Omega$$

$$\varphi = -\arctan\left(113 \times \frac{\pm 2 \times 10}{1000}\right) \approx \mp 66°$$

当 $\Delta f = \pm 50\text{kHz}$ 时，将式（2-10）的 $\Delta\omega$ 用 Δf 代替（$\Delta\omega = 2\pi\Delta f$）得到复阻抗的模和辐角分别为

$$|Z| = \frac{R_\text{P}}{\sqrt{1 + \left(Q\dfrac{2\Delta f}{f_0}\right)^2}} = \frac{129\text{k}\Omega}{\sqrt{1 + \left(113 \times \dfrac{2 \times 50}{1000}\right)^2}} \approx 11\text{k}\Omega$$

$$\varphi = -\arctan\left(113 \times \frac{\pm 2 \times 50}{1000}\right) \approx \mp 85°$$

2.1.3　阻抗变换和阻抗匹配

2.1.3.1　信号源内阻和负载对回路的影响

包含信号源内阻和负载的并联谐振电路如图 2-12 所示。

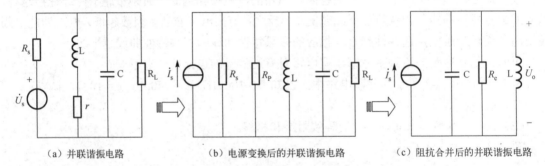

(a) 并联谐振电路　　　　　(b) 电源变换后的并联谐振电路　　　　　(c) 阻抗合并后的并联谐振电路

图 2-12　包含信号源内阻和负载的并联谐振电路

根据图 2-12 分析可得，将图 2-12（a）中的电压源变换为电流源，L 和 r 的串联变换为并联（后面有证明），电路如图 2-12（b）所示，再将图 2-12（b）中的相同参数合并，所得电路如图 2-12（c）所示，下面主要对图 2-12（c）展开讨论。

很明显，图 2-12（c）中的 R_e 是 R_s、R_P、R_L 的并联值，其对应的品质因数是

$$Q_\text{e} = \frac{R_\text{e}}{\sqrt{L/C}}$$

在并联电路中，由于总电阻比其中任一电阻的阻值都小，因此 R_e 的值比 R_s 或 R_P 或 R_L 中的任何一个值都小，而固有品质因数为 $Q = \dfrac{R_\text{P}}{\sqrt{L/C}}$，故 $Q > Q_\text{e}$，谐振回路有信号源激励和带负载后品质因数下降了，根据前面的结论可知，谐振电路的品质因数下降，电路的能量损耗变高，通频带变宽，选择性变差，相应的幅频特性曲线和相频特性曲线变平缓。

例 2-2　在图 2-12 所示的电路中，各参数分别为 $L = 586\text{mH}$，$C = 200\text{pF}$，$r = 12\Omega$，$R_\text{s} = R_\text{L} = 100\text{k}\Omega$，试分析下列情况对谐振电路特性的影响。

（1）谐振电路本身的固有电路特性；

（2）信号源的内阻及负载。

解：（1）不考虑 R_s、R_L 的值时的电路固有特性。

R_P、f_0、Q、$\mathrm{BW}_{0.7}$ 分别由式（2-7）～式（2-9）和式（2-13）求得，即

$$R_P = \frac{L}{Cr} = \frac{586 \times 10^{-6}}{200 \times 10^{-12} \times 12} \approx 44\mathrm{k\Omega}$$

$$f_0 = \frac{1}{2\pi\sqrt{LC}} = \frac{1}{2\pi\sqrt{586 \times 10^{-6} \times 200 \times 10^{-12}}} \approx 465\mathrm{kHz}$$

$$Q = \frac{\sqrt{\dfrac{L}{C}}}{r} = \frac{\sqrt{\dfrac{586 \times 10^{-6}}{200 \times 10^{-12}}}}{12} \approx 143$$

$$BW_{0.7} = \frac{f_0}{Q} = \frac{465}{143}\mathrm{kHz} \approx 3.3\mathrm{kHz}$$

（2）考虑 R_s、R_L 的值时的回路特性。

由于 L、C 的值基本不变，因此谐振频率 f_0 仍为 465kHz，等效负载电阻为

$$R_e = R_L // R_s // R_P = 41.5\mathrm{k\Omega}$$

有载品质因数为

$$Q_e = R_e\sqrt{\frac{C}{L}} = 41.5 \times 10^3 \times \sqrt{\frac{200 \times 10^{-12}}{586 \times 10^{-6}}} \approx 24$$

通频带为

$$\mathrm{BW}_{0.7} = \frac{f_0}{Q_e} = \frac{465}{24}\mathrm{kHz} \approx 19.4\mathrm{kHz}$$

可见，信号源内阻及负载使电路品质因数下降，导致电路能量损耗变高，通频带变宽，选择性变差，因此应采取措施减小信号源内阻和负载的影响，并通过电路并联电阻来加宽通频带。

2.1.3.2　串联电路和并联电路阻抗的等效变换

串联电路和并联电路模型如图 2-13 所示。

在电路中，若两个二端网络两端的电压和流过的电流都相等，就说这两个二端网络等效。串联电路和并联电路等效指的是这两个电路的阻抗相同。若用导纳表示，则指的是这两个电路的导纳相等，即 Y_S 和 Y_P 相等，其中 Y_S 是串联的导纳，Y_P 是并联的导纳。

$$Y_S = \frac{1}{R_S + \mathrm{j}X_S} = \frac{R_S}{R_S^2 + X_S^2} - \frac{\mathrm{j}X_S}{R_S^2 + X_S^2}$$

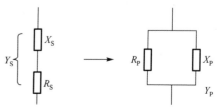

图 2-13　串联电路和并联电路模型

$$Y_{\mathrm{P}} = \frac{1}{R_{\mathrm{P}}} + \frac{1}{\mathrm{j}X_{\mathrm{P}}} = \frac{1}{R_{\mathrm{P}}} - \frac{\mathrm{j}}{X_{\mathrm{P}}}$$

根据等效的概念，由两个复导纳的实部和虚部分别相等得

$$R_{\mathrm{P}} = \frac{R_{\mathrm{S}}^2 + X_{\mathrm{S}}^2}{R_{\mathrm{S}}} = R_{\mathrm{S}}\left(1 + \frac{X_{\mathrm{S}}^2}{R_{\mathrm{S}}^2}\right) = R_{S}(1 + Q_{\mathrm{e}}^2)$$

$$X_{\mathrm{P}} = \frac{R_{\mathrm{S}}^2 + X_{\mathrm{S}}^2}{X_{\mathrm{S}}} = X_{\mathrm{S}}\left(1 + \frac{R_{\mathrm{S}}^2}{X_{\mathrm{S}}^2}\right) = X_{\mathrm{S}}\left(1 + \frac{1}{Q_{\mathrm{e}}^2}\right)$$

因此，由阻抗串联变换到阻抗并联的参数之间的关系为

$$\begin{cases} R_{\mathrm{P}} = R_{\mathrm{S}}(1 + Q_{\mathrm{e}}^2) \\ X_{\mathrm{P}} = X_{\mathrm{S}}\left(1 + \dfrac{1}{Q_{\mathrm{e}}^2}\right), \quad Q_{\mathrm{e}} = \dfrac{|X_{\mathrm{S}}|}{R_{\mathrm{S}}} \end{cases} \tag{2-15}$$

由阻抗并联变换到阻抗串联的参数之间的关系为

$$\begin{cases} R_{\mathrm{S}} = \dfrac{R_{\mathrm{P}}}{1 + Q_{\mathrm{e}}^2} \\ X_{\mathrm{S}} = \dfrac{X_{\mathrm{P}}}{1 + 1/Q_{\mathrm{e}}^2}, \quad Q_{\mathrm{e}} = \dfrac{R_{\mathrm{P}}}{|X_{\mathrm{P}}|} \end{cases} \tag{2-16}$$

Q_{e} 为品质因数，当 $Q_{\mathrm{e}} \gg 1$ 时，变换前后电抗元件参数变化不大，而电抗的性质不变，即 X_{S} 和 X_{P} 的数值也几乎相等。在阻抗不同的连接方式下，品质因数为

$$Q_{\mathrm{e}} = \frac{|X_{\mathrm{S}}|}{R_{\mathrm{S}}} = \frac{R_{\mathrm{P}}}{|X_{\mathrm{P}}|}$$

例 2-3　试证明图 2-14（a）和图 2-14（b）中的两个电路图等效。

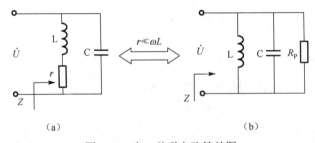

（a）　　　　　　　　　　　　　　（b）

图 2-14　串、并联电路等效图

证： 当 $r \ll \omega L$ 时，图 2-14（a）中的并联复阻抗为

$$Z \approx \frac{L/C}{r + \mathrm{j}\left(\omega L - \dfrac{1}{\omega C}\right)} = \frac{1}{\dfrac{rC}{L} + \mathrm{j}\omega C - \mathrm{j}\dfrac{1}{\omega C}\cdot\dfrac{C}{L}} = \frac{1}{\dfrac{1}{R_{\mathrm{P}}} + \dfrac{1}{\dfrac{1}{\mathrm{j}\omega C}} + \dfrac{1}{\mathrm{j}\omega L}} = R_{\mathrm{P}}/\!/\dfrac{1}{\mathrm{j}\omega C}/\!/\mathrm{j}\omega L$$

从整个推导过程来看，通过运用已知条件（$r \ll \omega L$）计算图 2-14（a）中的复阻抗时，整

理化简后的表达式刚好是图 2-14（b）中的复阻抗，即两个电路的复阻抗相等，这说明两个电路等效。

例 2-4 并联谐振回路如图 2-15 所示，已知 $L = 180\mu H$，$C = 140pF$，$r = 15\Omega$，试求：

（1）该回路的谐振频率 f_0、品质因数 Q 及谐振电阻 R_P。

（2）$f/f_0 = 1.01$、1.02、1.05、2 时，并联回路的等效阻抗及相移。

解：（1）由式（2-7）～式（2-9）得 R_P、f_0、Q

$$R_P = \frac{L}{Cr} = \frac{180 \times 10^{-6}}{140 \times 10^{-12} \times 15}\Omega \approx 86k\Omega$$

$$f_0 = \frac{1}{2\pi\sqrt{LC}} = \frac{1}{2\pi\sqrt{180 \times 10^{-6} \times 140 \times 10^{-12}}}Hz \approx 1MHz$$

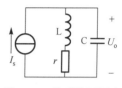

图 2-15 并联谐振回路

$$Q = \frac{\sqrt{\dfrac{L}{C}}}{r} = \frac{\sqrt{\dfrac{180 \times 10^{-6}}{140 \times 10^{-12}}}}{15} \approx 76$$

（2）求电路失谐时的等效阻抗和相移。

已知

$$|Z| = \frac{R_P}{\sqrt{1 + \left[Q\left(\dfrac{f}{f_0} - \dfrac{f_0}{f}\right)\right]^2}}$$

$$\varphi = -\arctan\left[Q\left(\frac{f}{f_0} - \frac{f_0}{f}\right)\right]$$

当 $f/f_0 = 1.01$ 时，

$$|Z| = \frac{R_P}{\sqrt{1 + \left[Q\left(\dfrac{f}{f_0} - \dfrac{f_0}{f}\right)\right]^2}} = \frac{86}{\sqrt{1 + \left[76 \times \left(1.01 - \dfrac{1}{1.01}\right)\right]^2}} \approx 47.4k\Omega$$

$$\varphi = -\arctan\left[Q\left(\frac{f}{f_0} - \frac{f_0}{f}\right)\right] = -\arctan\left[76 \times \left(1.01 - \frac{1}{1.01}\right)\right] \approx 56.5°$$

当 $f/f_0 = 1.02$ 时，

$$|Z| \approx 27.1k\Omega$$

$$\varphi \approx -71.6°$$

当 $f/f_0 = 1.05$ 时，

$$|Z| \approx 11.49k\Omega$$

$$\varphi \approx -82.3°$$

当 $f/f_0 = 2$ 时，

$$|Z| \approx 0.75\text{k}\Omega$$

$$\varphi \approx -89.5^{\circ}$$

由例 2-4 可得，随着失谐增大，电路的等效阻抗明显减小，相移增大。

2.1.3.3 常用的阻抗变换电路

常用的阻抗变换电路有变压器阻抗变换电路、电感分压器阻抗变换电路和电容分压器阻抗变换电路，如图 2-16 所示。

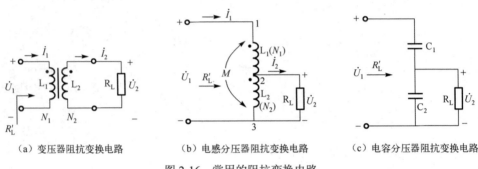

(a) 变压器阻抗变换电路　　(b) 电感分压器阻抗变换电路　　(c) 电容分压器阻抗变换电路

图 2-16　常用的阻抗变换电路

由上述分析可知，信号源内阻和负载会影响谐振电路的品质因数，即信号源内阻和负载增大，品质因数值下降，从而使电路的能量损耗升高，通频带变宽，选择性变差。为了改善这种情况，必须提高品质因数值，即提高整个电路的阻抗。由于谐振阻抗不可能再得到提高，因此只能提高信号源内阻和负载，这就要用到阻抗变换电路。

1. 变压器阻抗变换电路

设变压器为无损耗的理想变压器[见图 2-16（a）]，则其匝数比为

$$n = \frac{N_1}{N_2} = \frac{\dot{U}_1}{\dot{U}_2} = \frac{\dot{I}_2}{\dot{I}_1}$$

经变压器阻抗变换后的电阻为

$$R_{\text{L}}' = \frac{\dot{U}_1}{\dot{I}_2} = \frac{n\dot{U}_2}{\dot{I}_2 / n} = n^2 R_{\text{L}}$$

2. 电感分压器阻抗变换电路

电感分压器阻抗变换电路如图 2-16（b）所示。设 L_1、L_2 无损耗且 $R_{\text{L}} \gg \omega L_2$，经电感分压器阻抗变换后的电阻为

$$R_{\text{L}}' = n^2 R_{\text{L}} = \left(\frac{\dot{U}_1}{\dot{U}_2}\right)^2 R_{\text{L}}$$

其中变比的计算为

$$\frac{\dot{U}_1}{\dot{U}_2} = \frac{\dot{I}_1 \text{j}\omega(L_1 + L_2 + 2M)}{(\dot{I}_1 - \dot{I}_2)\text{j}\omega(L_2 + M)} = \frac{L_1 + L_2 + 2M}{L_2 + M}$$

3. 电容分压器阻抗变换电路

电容分压器阻抗变换电路如图 2-16（c）所示。设 C_1、C_2 无损耗且 $R_L \gg 1/\omega C_2$，经电容分压器阻抗变换后的电阻为

$$R_L' = n^2 R_L$$

其中变比的计算为

$$n = \frac{\dot{U}_1}{\dot{U}_2} = \frac{\dot{I}_1\left[\dfrac{1}{j\omega C_1} + 1/(j\omega C_2)\right]}{(\dot{I}_1 - \dot{I}_2)1/(j\omega C_2)} = \frac{C_1 + C_2}{C_1}$$

例 2-5　已知阻抗变换电路如图 2-17 所示，线圈匝数 $N_{12} = 10$ 匝，$N_{13} = 50$ 匝，$N_{45} = 5$ 匝，$L_{13} = 8.4\ \mu\text{H}$，$C = 51\text{pF}$，$Q = 100$，$I_s = 1\text{mA}$，$R_s = 10\text{k}\Omega$，$R_L = 2.5\text{k}\Omega$，求有载品质因数 Q_T、通频带 $BW_{0.7}$、谐振输出电压 U_o。

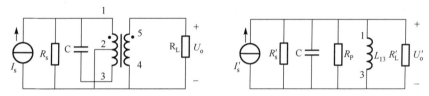

图 2-17　阻抗变换电路

解：该题可层进式分解为下列两个图，图 2-18（a）所示为固有电路，图 2-18（b）所示为有信号源内阻和负载的电路。

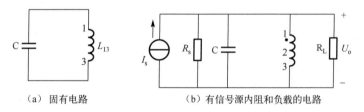

（a）固有电路　　　　　（b）有信号源内阻和负载的电路

图 2-18　谐振回路

在图 2-18（a）中分析固有电路的固有特性。已知 $Q = 100$，可以计算出 r，即

$$r = \frac{\sqrt{L_{13}/C}}{Q} \approx 4.06\,\Omega$$

$$R_P = \frac{L_{13}}{Cr} \approx 4.05 \times 10^4\,\Omega$$

$$f_0 = \frac{1}{2\pi\sqrt{L_{13}C}} \approx 7693.4\text{kHz}$$

$$BW_{0.7} = \frac{f_0}{Q} \approx 76.93\text{kHz}$$

在图 2-18（b）中分析有信号源内阻和负载的电路的特性。因为 $R_e = R_s \parallel R_P \parallel R_L = 811.51\,\Omega$，

所以

$$Q_e = R_e \sqrt{\frac{C}{L_{13}}} \approx 2$$

$$BW_{0.7} = \frac{f_0}{Q_e} \approx 3.85\text{MHz}$$

利用阻抗变换电路得

$$n_1 = \frac{N_{13}}{N_{12}} = 5$$

$$R'_s = n_1^2 R_s = 250\text{k}\Omega$$

$$n_2 = \frac{N_{13}}{N_{45}} = 10$$

$$R'_L = n_2^2 R_L = 250\text{k}\Omega$$

$$R_T = R'_s \parallel R_p \parallel R'_L = 30.6\text{k}\Omega$$

$$Q_T = R_T \sqrt{\frac{C}{L_{13}}} \approx 75$$

$$BW_{0.7} = \frac{f_0}{Q_T} \approx 0.103\text{MHz}$$

根据信号源输出功率相同的条件可知，

$$I_s U_{12} = I'_s U'_o$$

$$U'_o = I'_s R_T$$

$$U_o = \frac{U'_o}{n_2} = \frac{I'_s R_e}{n_2} = \frac{I_s R_T}{n_1 n_2} \approx 0.61\text{V}$$

2.1.3.4　阻抗匹配网络

在高频电子线路中，经常要在信号源或单元电路的输出与负载之间、相级联的两个组件或单元电路之间进行阻抗变换。阻抗变换的目的是实现阻抗匹配，阻抗匹配时负载可以得到最大传输功率，滤波器能够达到最佳滤波性能，接收机的灵敏度可以得到改善，发射机的效率也能得到提高。

阻抗匹配实际上是复阻抗匹配（共轭匹配），包括电阻匹配和电抗匹配。通过串联或并联电感或电容可将复阻抗变为实阻抗（电阻或电导）。实阻抗之间的匹配可通过集中参数阻抗变换和分布参数阻抗变换方法实现，其中集中参数阻抗变换有电抗元件组成的阻抗变换网络和变压器或电阻网络组成的阻抗变换网络。

对阻抗变换网络的要求主要是阻抗变换，同时希望无损耗或者损耗尽可能低，因此，阻抗变换网络一般采用电抗元件实现。对于采用电抗元件实现的窄带阻抗变换网络，在完成阻抗变换的同时还有一定的滤波能力。电阻性网络（有损耗）或变压器组成的宽带阻抗变换网络，需要在完成阻抗变换后另加滤波网络。

1．L 型匹配网络

（1）低阻变高阻型电路，如图 2-19 所示。

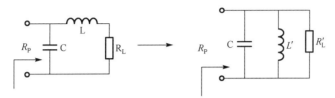

图 2-19　低阻变高阻型电路

根据阻抗间的对应关系式（2-15）得

$$R'_L = R_L(1 + Q_e^2)$$

$$L' = L\left(1 + \frac{1}{Q_e^2}\right)$$

$$Q_e = \frac{\omega L}{R_L}$$

当工作频率为并联谐振频率时，$R_P = R'_L = R_L(1 + Q_e^2)$

$$\omega = \frac{1}{\sqrt{L'C}}$$

在应用中，根据阻抗匹配要求确定 Q_e，即

$$Q_e = \sqrt{\frac{R_P}{R_L} - 1}$$

例 2-6　已知某谐振功放的 $f = 50\text{MHz}$，实际负载 $R_L = 10\ \Omega$，所需的匹配负载为 $R_P = 200\Omega$，试确定 L 型滤波匹配网络的参数。

解： 应采用低阻变高阻型的 L 型滤波匹配网络，其参数设计如下：

$$Q_e = \sqrt{\frac{R_P}{R_L} - 1} = \sqrt{19} \approx 4.36$$

$$L = \frac{Q_e R_L}{\omega} = \frac{4.36 \times 10}{2 \times 3.14 \times 5 \times 10^7} \approx 139\text{nH}$$

$$L' = L\left(1 + \frac{1}{Q_e^2}\right) = 139 \times \left(1 + \frac{1}{19}\right) \approx 146\text{nH}$$

$$C = \frac{1}{\omega^2 L'} \approx 69\text{pF}$$

（2）高阻变低阻型电路，如图 2-20 所示。

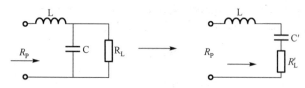

图 2-20　高阻变低阻型电路

根据阻抗间的对应关系式（2-16）得

$$R'_L = R_L / (1 + Q_e^2)$$

$$C' = C\left(1 + \frac{1}{Q_e^2}\right)$$

$$Q_e = R_L \omega C$$

当工作频率为串联谐振频率时

$$R_P = R_L / (1 + Q_e^2)$$

$$\omega = \frac{1}{\sqrt{LC'}}$$

Q_e 由阻抗匹配要求确定，即

$$Q_e = \sqrt{\frac{R_L}{R_P} - 1}$$

2. π 型和 T 型滤波匹配网络

在 L 型滤波匹配网络中的 R_L 和 R'_L 的值相差不大时，Q_e 很小，这会使滤波性能很差，这时可采用 π 型或 T 型滤波匹配网络，如图 2-21 所示。

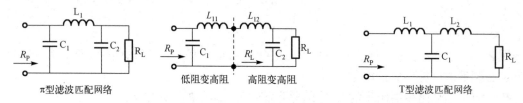

图 2-21　π 型或 T 型滤波匹配网络

恰当选择两个 L 型网络的 Q 值，就可兼顾滤波和阻抗匹配的要求。

例 2-7　已知 $f = 50\text{MHz}$，$R_L = 50\Omega$，欲使 $R_P = 150\Omega$，采用 π 型滤波匹配网络，如图 2-22 所示，试确定 C_1、C_2、L_1 的值。

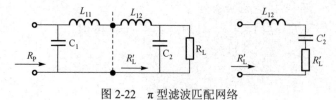

图 2-22　π 型滤波匹配网络

解：选取 $Q_2 = 4$，Q_2 是图 2-22 所示的右边电路图的品质因数，Q_1 是图 2-22 所示的左边电路的品质因数，则可得

$$R'_L = \frac{R_L}{1 + Q_2^2} = \frac{50}{17} \approx 2.94\Omega$$

$$C_2 = \frac{Q_2}{\omega R_L} \approx 255\text{pF}$$

$$Q_2 = \frac{\omega L_{12}}{R'_L}$$

$$L_{12} = \frac{Q_2 R'_L}{\omega} \approx 37.4\text{nH}$$

$$Q_1 = \sqrt{\frac{R_P}{R'_L} - 1} \approx 7.07$$

$$L_{11} = \frac{Q_1 R'_L}{\omega} \approx 66\text{nH}$$

$$L_1 = L_{11} + L_{12} = 103.4\text{nH}$$

$$Q_1 = \frac{R_P}{\dfrac{1}{\omega C_1}}$$

$$C_1 = \frac{Q_1}{\omega R_P} \approx 151\text{pF}$$

2.1.4 集中选频滤波器

2.1.4.1 陶瓷滤波器

1. 材料、工艺及压电效应

（1）材料。陶瓷滤波器由锆钛酸铅陶瓷材料制成。

（2）工艺。陶瓷滤波器的制作工艺：陶瓷焙烧 → 片状 → 两面涂银浆→直流高压极化。

（3）压电效应。当陶瓷片发生机械变形时，其表面会产生电荷，两极间产生电压；而当陶瓷片两极间加上电压时，它会产生机械变形。当外加交变电压的频率等于陶瓷片固有频率时，机械振动幅度最大，陶瓷片表面产生电荷量的变化最大，在外电路中产生的电流也最大，陶瓷滤波器的作用类似于串联谐振电路。陶瓷滤波器的压电效应和等效电路如图 2-23 所示。

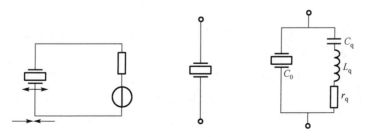

图 2-23　陶瓷滤波器的压电效应和等效电路

2. 电路符号和等效电路

在图 2-23 中，C_0 是压电陶瓷片的固定电容值；L_q 是机械振动时晶体的等效质量；C_q 是机械振动时的等效弹性系数；r_q 是机械振动时的等效阻尼。压电陶瓷片的厚度、半径等尺寸不同，其等效电路的参数也就不同。从陶瓷滤波器的等效电路可以看出，压电陶瓷片具有两个谐振频率：一个是串联谐振频率；另一个是并联谐振频率。

3. 阻抗频率特性

陶瓷滤波器的幅频特性曲线如图 2-24 所示，从图中可以看到，陶瓷滤波器有两个谐振频率。根据阻抗的幅频特性曲线可知，两个谐振频率分别是串联谐振频率 f_S 和并联谐振频率 f_P。

由陶瓷滤波器的等效电路可得，串联谐振频率的表达式为

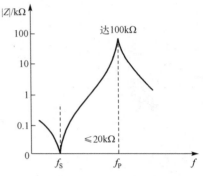

图 2-24　陶瓷滤波器的幅频特性曲线

$$f_S = \frac{1}{2\pi\sqrt{L_q C_q}} \tag{2-17}$$

并联谐振频率的表达式为

$$f_P = \frac{1}{2\pi\sqrt{L_q \dfrac{C_0 C_q}{C_0 + C_q}}} \tag{2-18}$$

4. 应用

四端陶瓷滤波器如图 2-25 所示。陶瓷片的 Q 值比一般 LC 回路的大，当将各陶瓷片的串、并联谐振频率配置得当时，四端陶瓷滤波器可获得接近矩形的幅频特性曲线。陶瓷滤波器的工作频率为几百千赫兹到几十兆赫兹。使用四端陶瓷滤波器时，输入阻抗、输出阻抗必须与信号源阻抗、负载陶瓷阻抗相匹配，此时幅频特性变差，通带内响应起伏增大，阻带衰减值变小。

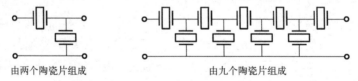

由两个陶瓷片组成　　　　　　　　　　由九个陶瓷片组成

图 2-25　四端陶瓷滤波器

5. 陶瓷滤波器的优缺点

陶瓷滤波器的优点是体积小、成本低、受外界影响小。而陶瓷滤波器的缺点是频率特性较难控制，生产一致性较差，通频带不够宽。

石英晶体滤波器的特性与陶瓷滤波器的相似，从等效电路包含的参数到幅频特性曲线都类似，但石英晶体滤波器的 Q 值比陶瓷滤波器的 Q 值高很多，因此石英晶体滤波器的频率特性好，但其价格较高。

2.1.4.2　声表面波滤波器

声表面波滤波器是声表面波（SAW）器件的一种，其结构及工作原理如图 2-26 所示。声

表面波器件是一种利用弹性固体表面传播机械振动波的器件，由铌酸锂、锆钛酸铅和石英等压电基片构成。利用真空蒸镀法在基片表面形成的叉指形金属膜电极，称为叉指电极，左端叉指电极为发端换能器，右端叉指电极为收端换能器。输入信号加在发端换能器时，叉指电极产生变电场，压电效应使得基片表面产生弹性形变，激发出与输入信号同一频率的声表面波，该声表面波向前传播，到达收端后，压电效应使得收端换能器的叉指对间产生电信号后传向负载。声表面波滤波器的性能与基片材料，以及叉指电极的尺寸、形状等有关。

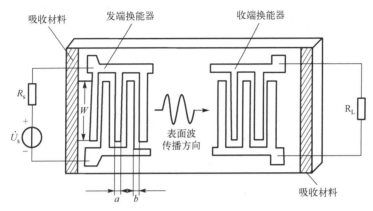

图 2-26　声表面波滤波器的结构及工作原理

　　声表面波是在压电固体材料表面产生和传播且其振幅随深入固体材料的深度增加而迅速减小的弹性波。声表面波滤波器的矩形系数可小于 1.2，相对带宽可达 50%。声表面波有两个特点：一是能量密度高，其中 90%的能量集中于厚度等于一个波长的表面层中；二是传播速度慢，一般为 3000～5000m/s。

　　声表面波滤波器的优点是体积小、质量小、性能稳定、特性一致性好、工作频率高（几兆赫兹到几吉赫兹）、通频带宽、抗辐射能力强、动态范围大等，其常用于通信、电视、卫星、宇航等领域。

2.2　小信号谐振放大器

　　高频小信号放大器主要用于放大高频小信号，属于窄带放大器。由于采用谐振电路作为负载解决了放大倍数、通频带宽、阻抗匹配等问题，因此高频小信号放大器又称为小信号谐振放大器。就放大过程而言，电路中的晶体管工作在小信号放大区域，非线性失真很小。小信号谐振放大器一方面可以对窄带信号实现不失真放大；另一方面可以滤除带外信号，有选频作用。小信号谐振放大器是以谐振电路为选频网络的高频小信号放大器，因此也称为小信号调谐放大器，它能选出有用频率信号并加以放大，而对无用频率信号予以抑制，其基本组成是小信号放大器和 LC 谐振电路。放大器件可采用单管、双管组合电路和集成放大电路等，谐振电路可以是单谐振电路或双耦合谐振电路。单调谐回路的放大器因其电路简单，调整方便而被广泛应用。小信号谐振放大器的作用就是放大各种无线电设备中的高频小信号，以便做进一步的变换和处理。这里所说的"小信号"主要是强调输入信号的电平较低，放大器工作在它的线性范围。对高频小信号放大器主要有以下几个方面的要求。

（1）增益要高，也就是放大量要大。例如，用于各种接收机中的中频放大器的电压放大倍数可达 $10^4 \sim 10^5$，即电压增益为 $80 \sim 100$dB，这通常要靠多级放大器才能实现。

（2）频率选择性要好。选择性描述的是选择所需信号和抑制无用信号的能力，主要由选频电路完成。放大器的带宽和矩形系数是衡量选择性的两个重要参数。

（3）工作稳定可靠。这要求放大器的性能应尽可能地不受温度、电源电压等外界因素变化的影响，不产生任何自激。

此外，在放大微弱信号的接收机前级放大器中，还要求放大器内部噪声要小，这是因为放大器本身的噪声越低，接收微弱信号的能力就越强。

2.2.1　晶体管 Y 参数等效电路

三极管的结构如图 2-27 所示。r_c 为集电区体电阻，数值很小可忽略；图中 $r_{b'c}$ 为集电结电阻，由于集电结电阻 $r_{b'c}$ 横跨 cb'间，因此也把此电阻画在图上；$r_{bb'}$ 为基区体电阻；$r_{b'e}$ 为发射结电阻；r_e 为发射区体电阻，数值很小可忽略。发射结电容的数值很小。集电结电容的数值也很小。

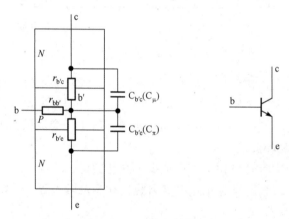

图 2-27　三极管的结构

由于高频下晶体管的电抗效应不能忽略，因此在高频下分析含有晶体管的放大器时，都要用高频等效电路来处理。对于窄带谐振放大器，通常用 Y 参数等效电路来分析，在高频时，Y 参数很容易在晶体管输入和输出都为交流短路时被测出来。小信号谐振放大器的两部分并联连接，而 Y 参数的核心是用导纳替代阻抗，采用的形式十分简单，便于晶体管 Y 参数等效电路计算。

晶体管 Y 参数等效电路如图 2-28 所示，以电压为自变量、电流为因变量，根据电路中用导纳表示的欧姆定律，晶体管的 Y 参数网络方程可表示为

$$\dot{I}_b = Y_{ie}\dot{U}_{be} + Y_{re}\dot{U}_{ce} \tag{2-19}$$

$$\dot{I}_c = Y_{fe}\dot{U}_{be} + Y_{oe}\dot{U}_{ce} \tag{2-20}$$

令 $\dot{U}_{ce} = 0$，即晶体管输出端对交流短路，可得

$$Y_{ie} = \frac{\dot{I}_b}{\dot{U}_{be}}\bigg|_{\dot{U}_{ce}=0}, \qquad Y_{fe} = \frac{\dot{I}_c}{\dot{U}_{be}}\bigg|_{\dot{U}_{ce}=0}$$

式中，Y_{ie}、Y_{fe} 分别称为晶体管输出交流短路时的输入导纳和正向传输导纳。

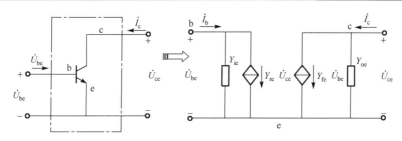

图 2-28　晶体管 Y 参数等效电路

同理，令 $\dot{U}_{be} = 0$，即晶体管输入端对交流短路，可得

$$Y_{re} = \left.\frac{\dot{I}_b}{\dot{U}_{ce}}\right|_{\dot{U}_{be}=0}, \qquad Y_{oe} = \left.\frac{\dot{I}_c}{\dot{U}_{ce}}\right|_{\dot{U}_{be}=0}$$

式中，Y_{re}、Y_{oe} 分别称为晶体管输入交流短路时的反向传输导纳和输出导纳。

晶体管的 Y 参数可以由查阅手册和仪器测量两种方式得到。混合 π 型等效电路如图 2-29 所示，当 $C_{b'e} \gg C_{b'c}$ 时，根据 Y 参数的定义可得到 Y 参数和混合 π 参数之间的关系，具体如下：

$$Y_{ie} = \frac{g_{b'e} + j\omega C_{b'e}}{1 + r_{bb'}(g_{b'e} + j\omega C_{b'e})} = G_{ie} + j\omega C_{ie} \tag{2-21}$$

$$Y_{fe} = \frac{g_m}{1 + r_{bb'}(g_{b'e} + j\omega C_{b'e})} = \left|Y_{fe}\right| e^{j\varphi_{fe}} \tag{2-22}$$

$$Y_{re} = \frac{-j\omega C_{b'e}}{1 + r_{bb'}(g_{b'e} + j\omega C_{b'e})} = \left|Y_{re}\right| e^{j\varphi_{re}} \tag{2-23}$$

$$Y_{ie} = g_{ce} + j\omega C_{b'c} + \frac{j\omega C_{b'e} r_{bb'} g_m}{1 + r_{bb'}(g_{b'e} + j\omega C_{b'e})} = G_{oe} + j\omega C_{oe} \tag{2-24}$$

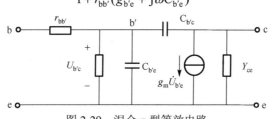

图 2-29　混合 π 型等效电路

混合 π 参数与频率无关，而 Y 参数都是频率的函数。式中，G_{ie}、C_{ie} 分别是晶体管的输入电导和输入电容；G_{oe}、C_{oe} 分别是晶体管的输出电导和输出电容；$|Y_{fe}|$、$|Y_{re}|$、φ_{fe}、φ_{re} 分别是 Y_{fe}、Y_{re} 的模和相移。

在研究窄带小信号放大器时，可近似认为 Y 参数在所讨论的频带范围内为常数，实际应用的 Y 参数等效电路如图 2-30 所示。

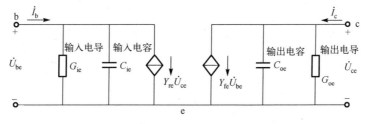

图 2-30　实际应用的 Y 参数等效电路

由于高频管的 $r_{bb'}$ 很小，因此如果忽略 $r_{bb'}$，则 Y 参数可简化为

$$
\left.
\begin{aligned}
&G_{ie} \approx g_{b'e}, \quad C_{ie} \approx C_{b'e} \\
&|Y_{fe}| \approx g_m, \quad \varphi_{fe} \approx 0 \\
&|Y_{re}| \approx \omega C_{b'e}, \quad \varphi_{re} \approx -90° \\
&G_{oe} \approx g_{ce}, \quad C_{oe} \approx C_{b'e}
\end{aligned}
\right\}
\tag{2-25}
$$

式中，G_{ie}、C_{ie} 分别为晶体管的输入电导和输入电容；g_m 为晶体管的跨导，$g_m \approx I_{EQ}\ \text{mA}/26\text{mV}$；$G_{oe}$、$C_{oe}$ 分别为晶体管的输出电导和输出电容。

2.2.2 单调谐电路谐振放大器

2.2.2.1 放大器电路和等效电路

单调谐电路谐振放大器电路又称为晶体管单调谐电路谐振放大器电路，其电路如图 2-31 所示。

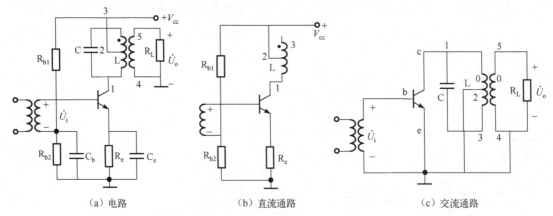

| （a）电路 | （b）直流通路 | （c）交流通路 |

图 2-31 单调谐电路谐振放大器电路

图 2-31 所示的单调谐电路谐振放大器电路，整个电路由两大部分组成：一部分是充当放大作用的晶体管；另一部分是带有阻抗变换的 LC 谐振电路，例如有阻抗变换的谐振电路，前面提到的阻抗变换电路在此电路中有变压器阻抗变换电路和自耦变压器（电感分压器）阻抗变换电路两种，自耦变压器（电感分压器）把晶体管的输出接入谐振回路，代替电源或信号源的激励，而负载通过变压器接入谐振电路，这样做的好处是减少了晶体管的输出导纳和负载导纳对谐振电路的影响。图 2-31 中的 R_{b1}、R_{b2}、R_e 构成了分压式电流反馈直流偏置电路，以保证晶体管工作在甲类状态；C_b、C_e 分别是基极和发射极的旁路电容，主要作用是将高频信号短路。从交流通路可以看出整个电路的基本组成，从直流通路可以看出电路工作在甲类状态。

单调谐电路谐振放大器的等效电路如图 2-32 所示。

设电感线圈的匝数分别是 N_{12}、N_{13} 和 N_{45}，自耦变压器和变压器初、次级匝数比分别为 n_1 和 n_2，称 $P_1 = 1/n_1$ 为晶体管输出端对单调谐电路的接入系数，$P_2 = 1/n_2$ 为负载对单调谐电路的接入系数，则自耦变压器匝数比为

$$
n_1 = \frac{N_{13}}{N_{12}}
$$

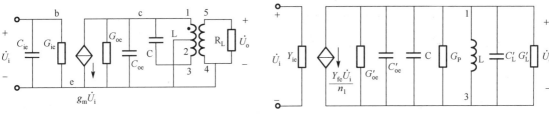

（a）放大器的 Y 参数等效电路　　　　　　　（b）变换后的放大器的 Y 参数等效电路

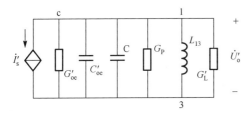

（c）单调谐电路的等效电路　　　　　　　（d）合并参数后的单调谐电路的等效电路

图 2-32　单调谐电路谐振放大器的等效电路

变压器初、次级匝数比为

$$n_2 = \frac{N_{13}}{N_{45}}$$

将电流源 $Y_{fe}\dot{U}_i$ 折算到单调谐电路的 1、3 两端为

$$(Y_{fe}\dot{U}_i)' = Y_{fe}\dot{U}_i / n_1 \tag{2-26}$$

将 Y_{oe} 折算到单调谐电路的 1、3 两端，根据功率相等，即 $(g_m U_i)U_{12} = I_s'U_{13}$ ，得

$$\dot{I}_s' = \frac{g_m U_i'}{n_1}$$

由变压器的阻抗变换原理得

$$G_{oe}' = \frac{G_{oe}}{n_1^2}, \qquad C_{oe}' = \frac{C_{oe}}{n_1^2}, \qquad G_L' = \frac{G_L}{n_1^2}, \qquad G_P = \frac{1}{R_P}$$

$$G_T = G_P + \frac{G_{oe}}{n_1^2} + \frac{G_L}{n_1^2}, \qquad C_T = C + \frac{C_{oe}}{n_1^2} + \frac{C_L}{n_1^2}$$

$$f_0 = \frac{1}{2\pi\sqrt{LC_T}} = \frac{1}{2\pi\sqrt{L\left(C + \dfrac{C_{oe}}{n_1^2} + \dfrac{C_L}{n_1^2}\right)}} \tag{2-27}$$

从式（2-27）可以看出，频率因晶体管的输出电容和负载电容而降低，减小电路的电感和电容可以使频率恢复到原来的数值。电路对应的有载品质因数为

$$Q_T = \frac{1}{G_T \omega_0 L} = \frac{\omega_0 C_T}{G_T} \tag{2-28}$$

因为 $G_T > G_P$，所以 $Q_T < Q$（Q 为回路的空载品质因数）。为了减小晶体管及负载对单调谐电路的影响，除应选用 Y_{oe}、Y_{ie} 小的晶体管外，还应选择匝比 n_1 和 n_2 较大的变压器。

2.2.2.2 电压增益、选择性和通频带

单调谐电路谐振放大器的电压增益计算如下

$$\dot{U}_o' = -\dot{I}_s' Z = -\left(\frac{g_m \dot{U}_i}{n_1}\right) \frac{1}{G_T\left(1 + jQ_T \dfrac{2\Delta f}{f_0}\right)} \tag{2-29}$$

$$\dot{A}_u = \frac{\dot{U}_o}{\dot{U}_i} = \frac{U_o'/n_2}{\dot{U}_i} = \frac{-\dfrac{Y_{fe}\dot{U}_i}{n_1 n_2}}{G_T\left(1 + jQ_T \dfrac{2\Delta f}{f_0}\right)\dot{U}_i} = -\frac{Y_{fe}}{n_1 n_2} \cdot \frac{1}{G_T\left(1 + jQ_T \dfrac{2\Delta f}{f_0}\right)} \tag{2-30}$$

当输入信号的频率 $f = f_0$（即 $\Delta f = 0$）时，放大器的谐振电压增益 A_{u0} 为

$$\dot{A}_{u0} = \frac{-Y_{fe}}{n_1 n_2 G_T} \approx \frac{-g_m}{n_1 n_2 G_T} \tag{2-31}$$

对应的谐振电压增益最大，其中负号表示输出电压与图中标定方向的电压有 $180°$ 的相位差。由于 Y_{fe} 对应的相位角是 φ_{fe}，因此谐振放大器电压增益的相移是 $180° + \varphi_{fe}$，当 $r_{bb'} = 0$ 时，$Y_{fe} = g_m$，Y_{fe} 对应的相位角是 0。所以，谐振放大器的电压增益可以表示为

$$\dot{A}_u = \frac{\dot{A}_{u0}}{1 + jQ_T \dfrac{2\Delta f}{f_0}} \tag{2-32}$$

归一化电压增益的幅频特性为

$$\left|\frac{\dot{A}_u}{\dot{A}_{u0}}\right| = \frac{1}{\sqrt{1 + \left(Q_T \dfrac{2\Delta f}{f_0}\right)^2}} \tag{2-33}$$

由 $\left|\dfrac{\dot{A}_u}{\dot{A}_{u0}}\right| = \dfrac{1}{\sqrt{2}}$ 得到谐振放大器的通频带是

$$\mathrm{BW}_{0.7} = \frac{f_0}{Q_e} \tag{2-34}$$

同理，由 $\left|\dfrac{\dot{A}_u}{\dot{A}_{u0}}\right| = 0.1$ 可得到谐振放大器的选择性为

$$\mathrm{BW}_{0.1} = 10\frac{f_0}{Q_e}$$

描述选择性好坏的矩形系数是

$$K_{0.1} = \frac{\mathrm{BW}_{0.1}}{\mathrm{BW}_{0.7}} = 10$$

由于单调谐电路谐振放大器选用的谐振电路是 LC 谐振电路，因此两者的选择性、通频带和矩形系数都是一样的。由于没有办法满足高选择性和加宽通频带对品质因数的要求，即对应的谐振曲线的矩形系数远大于 1，因此单调谐电路谐振放大器的选择性比较差。

2.2.3 多级单调谐电路谐振放大器

由于单调谐电路谐振放大器无法满足谐振放大器有足够大的增益这一要求，因此通常采用多级单调谐电路谐振放大器级联。级联的方法有同步调谐和参差调谐两种。若每级单调谐电路均调谐在同一频率上，则称为同步调谐；若各级单调谐电路调谐在不同频率上，则称为参差调谐。

级联谐振放大器总的电压放大倍数可用式（2-35）表示

$$\dot{A}_{u\sum} = \dot{A}_{u1} \cdot \dot{A}_{u2} \cdot \cdots \cdot \dot{A}_{un} \tag{2-35}$$

式中，$\dot{A}_{u1}$、$\dot{A}_{u2}$、…、$\dot{A}_{un}$ 是每级谐振放大器的电压放大倍数。

对式（2-35）取对数得

$$\left|\dot{A}_{u\sum}\right|(\text{dB}) = \left|\dot{A}_{u1}\right|(\text{dB}) + \left|\dot{A}_{u2}\right|(\text{dB}) + \cdots + \left|\dot{A}_{un}\right|(\text{dB}) \tag{2-36}$$

2.2.3.1 同步谐振放大器

如果放大器由 n 级谐振放大器级联，各级都调谐在同一频率上，每级的电压放大倍数分别为 $\dot{A}_{u1}$、$\dot{A}_{u2}$、…、$\dot{A}_{un}$，则总的电压放大倍数 $\dot{A}_{u\sum}$ 为

$$\dot{A}_{u\sum} = \dot{A}_{u1} \cdot \dot{A}_{u2} \cdot \cdots \cdot \dot{A}_{un} \tag{2-37}$$

谐振时总的电压放大倍数 $\dot{A}_{u0\sum}$ 为

$$\dot{A}_{u0\sum} = \dot{A}_{u01} \cdot \dot{A}_{u02} \cdot \cdots \cdot \dot{A}_{u0n} \tag{2-38}$$

式中，$\dot{A}_{u01}$、$\dot{A}_{u01}$、…、$\dot{A}_{u0n}$ 分别为各级谐振放大器谐振时，对应的电压放大倍数。也可以用分贝表示级联后总的谐振电压增益，即

$$\left|\dot{A}_{u0\sum}\right|(\text{dB}) = \left|\dot{A}_{u01}\right|(\text{dB}) + \left|\dot{A}_{u02}\right|(\text{dB}) + \cdots + \left|\dot{A}_{u0n}\right|(\text{dB}) \tag{2-39}$$

多级同步谐振放大器的幅频特性曲线如 2-33 所示，从图中可以看出，多级放大器级数越多，谐振增益越大，对应的幅频特性曲线越尖锐，矩形系数越小，相应的选择性越好，但通频带越窄。同时也能看出，在 n 级级联后，每一级的通频带都比总通频带要宽。

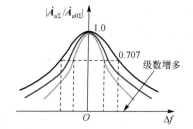

2.2.3.2 双参差谐振放大器

图 2-33 多级同步谐振放大器的幅频特性曲线

在多级放大器中，若每一组内各级均调谐在不同的频率上，则每两级为一组级联而成的放大器，称为双参差谐振放大器，由三级为一组级联而成的放大器称为三参差谐振放大器，以此类推。双参差谐振放大器的模型和幅频特性曲线如图 2-34 所示，图中最外面的一条曲线是合成幅频特性曲线。从模型上可以看出，两级对应的频率分别是 $f_1 = f_0 + \Delta f$，$f_2 = f_0 - \Delta f$。双参差谐振放大器总幅频特性曲线更接近于矩形，选择性比单调谐电路谐振放大器好，总通频带比各级的通频带宽，这就是放大器的通频带宽、选择性好的实例。

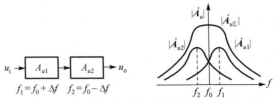

图 2-34　双参差谐振放大器的模型和幅频特性曲线

2.2.4　谐振放大器的稳定性

2.2.4.1　谐振放大器不稳定的原因

谐振放大器不稳定的原因是 Y_{re} 引起的内部反馈，内部反馈主要由 $C_{b'c}$ 引起。谐振电路阻抗剧烈变化的特性使这种内部反馈随频率变化而剧烈变化，从而使放大器的频率特性、增益、通频带、选择性等都发生变化，导致放大器工作不稳定。严重时会在某频率点满足自激条件，产生自激振荡。

2.2.4.2　提高谐振放大器稳定性的方法

为了提高谐振放大器的稳定性，通常从以下两个方面入手：①从晶体管本身想办法，减小晶体管反向传输导纳 Y_{re}。Y_{re} 的大小主要取决于 $C_{b'c}$ 的值，选择晶体管时尽可能选择 $C_{b'c}$ 的值小的晶体管，使其容抗增大，反馈作用减弱。②从电路上设法消除晶体管的反向作用，使它单向化，具体方法有中和法和失配法。

1. 中和法

谐振放大器的中和电路和交流通路如图 2-35 所示，中和电路接中和电容 C_N。中和法是指通过在晶体管的输出端与输入端之间引入一个附加的外部反馈电路（中和电路）来抵消晶体管内部参数 Y_{re} 引起的内部反馈作用。由于 Y_{re} 的实部（反馈电导）很小，可以忽略，所以常常只用一个中和电容 C_N 来抵消 Y_{re} 的虚部（即反馈电容 $C_{b'c}$）的影响，这样就可达到中和的目的。由于用 $C_{b'c}$ 来表示晶体管的反馈只是一个近似，而 $\dot{U}_c$ 与 $\dot{U}_n$ 又只是在电路完全谐振的频率上才准确反相，因此中和电路中固定的中和电容 C_N 只能在某一个频率点起到完全中和的作用，对其他频率只能有部分中和作用。另外，如果再考虑分布参数的作用和温度变化等因素的影响，则中和电路的效果是很有限的，即只能在很窄的频率范围内起作用，且不易调节，因此应用较少。

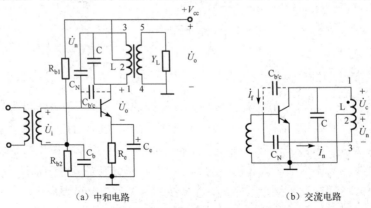

（a）中和电路　　　　　　　　　　　（b）交流电路

图 2-35　谐振放大器的中和电路和交流通路

2. 失配法

失配法是指通过增大负载导纳 Y_L，使回路总导纳增大、输出电压减小，从而减小晶体管的内部反馈，该方法以牺牲增益为代价。在设计小信号谐振放大器时，通常不追求很高的增益，而是以稳定工作为前提。

失配法通过增大负载导纳，进而增大回路总导纳，使输出电路失配，输出电压相应减小，对输入端的影响也就减小，可见，失配法用牺牲增益来换取电路的稳定。为了满足增益和稳定性的要求，常用的失配法是，将两个晶体管按共射-共基方式连接成一个复合管，形成的共射-共基组合电路谐振放大器如图 2-36 所示。由于共基电路的输入导纳较大，因此当它和输出导纳较小的共射电路连接时，相当于增大共发电路的负载导纳而使之失配，从而使共发晶体管内部反馈减弱，稳定性大大提高。在负载导纳很大的情况下，虽然共发电路电压增益减小，但其电流增益仍很大；虽然共基电路的电流增益接近于 1，但其电压增益较大，所以二者级联后，互相补偿，电压增益和电流增益均较大。

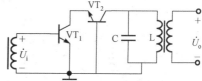

VT_2 的输入阻抗很小，即 VT_1 的负载导纳很大，从而削弱了结电容内部反馈的作用。而 VT_2 构成共基放大电路，$C_{b'c}$ 不能引入反馈。在该电路中，VT_1 提供较大的电流增益，VT_2 提供较大的电压增益，故总电路可获得较大的电压增益和电流增益。

图 2-36　共射-共基组合电路谐振放大器

2.2.4.3　集成谐振放大器

集成谐振放大器的外电路简单可调，工作稳定可靠。集成谐振放大器是双端输入、双端输出的，其中输入为共射-共基组合电路构成的差动电路；输出由复合管差分电路构成，且集成谐振放大器的内部反馈很小，不易自激。输入、输出电路均调谐在信号的中心频率上。

MC1590 集成谐振放大器电路如图 2-37 所示，图中引脚 1、3 为双端输入端，输入信号 u_i 通过耦合电容 C_1 加到引脚 1 端，引脚 3 端通过隔直电容 C_3 交流接地，构成单端输入，C_2、L_1 构成输入调谐电路。引脚 5、6 端为双端输出端，L_2、C_4 构成输出调谐电路，经变压器耦合后输出。引脚 6 端连接正电源端，并通过 C_6 交流接地，故为单端输出。电路 C_2、L_1 和 C_4、L_2 均调谐在信号的中心频率上。

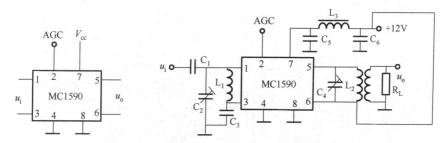

图 2-37　MC1590 集成谐振放大器电路

退（去）耦是指电源在供电过程中防止负载工作的动态电流耦合到其内阻上影响其输出的稳定，由于电源有内阻，交流纹波降落上去会使输出电压波动，因此在负载电源两端用电容架一条交流通路，防止这些动态交流混入直流电源内部，所用电容就是去耦电容。电源退耦电路如图 2-38 所示，该电路的退耦就是指防止前、后电路网络的电流大小变化时，在供电电路中所形成的电流变化对电路网络的正常工作产生影响。也就是说，退耦电路能够有效地消除电路网络之间的寄生耦合。

在一个大容量的电解电容 C_1 旁边并联一个容量很小的无极性电容 C_2 的原因是，无论是在介质损耗还是寄生电感等方面，在高频情

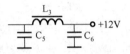

图 2-38　电源退耦电路

况下工作的电解电容与小容量电容都有显著的差别（由于电解电容的接触电阻和等效电感的影响，当工作频率高于谐振频率时，电解电容相当于一个电感线圈，不再起电容作用）。在不少典型电路，如电源退耦电路、自动增益控制电路及各种误差控制电路中，均采用了大容量电解电容旁边并联一个小电容的电路结构，这样大容量电解电容会具有低频交变信号的退耦、滤波、平滑作用；而小容量电容则以自身固有的优势，消除电路网络中的中、高频寄生耦合。在这些电路中，这一大一小的电容均称之为退耦电容。

2.3　集中选频放大器

集中选频放大器由集成宽带放大器（由多级差分放大电路组成）、集中选频滤波器（常用的有石英晶体滤波器、陶瓷滤波器和声表面波滤波器等）组成，其中集中选频滤波器具有接近矩形的幅频特性曲线。为满足高增益放大器的选频要求，集中选频放大器一般采用集中选频滤波器作为选频电路。陶瓷滤波器构成的集中选频放大器电路和声表面波滤波器构成的集中选频放大器电路分别如图 2-39 和图 2-40 所示。集中选频滤波器接于集成宽带放大器的后面，这是一种常用的接法，这种接法要注意的问题是，使集成宽带放大器与集中选频滤波器之间实现阻抗匹配。这有两重意义，从集成宽带放大器输出端看，阻抗匹配表示放大器有较大的功率增益；从集中选频滤波器输入端看，要求信号源的阻抗与滤波器的输入阻抗相等且匹配（在滤波器的另一端也是一样），这是因为滤波器的频率特性依赖于两端的源阻抗与负载阻抗，只有当两端的端接阻抗等于要求的阻抗时，才能得到预期的频率特性。当集成宽带放大器的输出阻抗与集中选频滤波器的输入阻抗不相等时，应在两者间加入阻抗转换电路，通常可用高频宽带变压器进行阻抗变换，也可以用低 Q 值的振荡电路进行阻抗变换。采用振荡电路进行阻抗变换时，应使电路的带宽大于集中选频滤波器的带宽，使集中选项放大器的频率特性只由集中选频滤波器决定。通常集成宽带放大器的输出阻抗较低，易于实现阻抗变换。

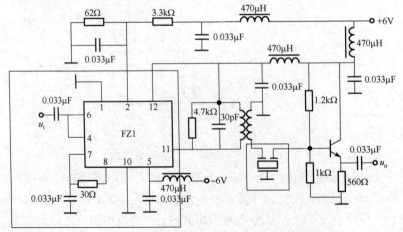

图 2-39　陶瓷滤波器构成的集中选频放大器电路

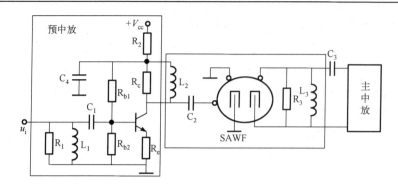

图 2-40　声表面波滤波器构成的集中选频放大器电路

　　将集中选频滤波器放在集成宽带放大器的前面，这种接法的好处是，当所需放大信号的频带以外有强的干扰信号时，干扰信号不会直接进入集成宽带放大器，避免此干扰信号因放大器的非线性（放大器在大信号时总是非线性的）而产生新的干扰。有些集中选频滤波器（如声表面波滤波器）本身有较大的衰减（可达十多分贝），放在集成宽带放大器之前会将有用信号减弱，从而使集成宽带放大器中的噪声对信号的影响加大，使整个放大器的噪声性能变差。为此，常在集中选频滤波器之前加一前置放大器，以补偿集中选频滤波器的衰减。

　　在图 2-39 所示的陶瓷滤波器构成的集中选频放大器电路中，陶瓷滤波器输入端采用变压器耦合，输出端接跟随器，以实现阻抗匹配。并联谐振电路调谐在陶瓷滤波器的主谐振频率上，用来消除陶瓷滤波器通带以外出现的小谐振峰。

　　在图 2-40 所示的声表面波滤波器构成的集中选频放大器电路中，L_1 与分布电容并联谐振于中心频率；$C_1 \sim C_3$ 均为隔直耦合电容；R_2、C_4 为电源去耦滤波电路；L_2、L_3 为匹配电感，用于抵消声表面波滤波器（SAWF）输入、输出端分布电容的影响，以实现阻抗匹配。

难 点 释 疑

　　本章的难点是有内阻的信号源驱动和带负载并有阻抗变换的单调谐谐振电路。对于此种电路，可以利用剥洋葱的方式逐层化简分解，从简单到复杂，依次得到电路的性质（品质因数、谐振频率、通频带、谐振阻抗 4 个参数）。

　　（1）先把电路中的谐振回路剥离，计算得到谐振回路的 4 个参数；

　　（2）将有谐振回路的信号源的内阻和负载作为第二层，在这个电路中计算得到 4 个参数；

　　（3）最后将有阻抗变换的电路作为第三层，在这个电路中计算得到 4 个参数。

本 章 小 结

　　LC 谐振电路分为 LC 并联谐振电路和 LC 串联谐振电路两种，它们结构不同，性质类似，都有对应的品质因数、谐振频率、谐振阻抗、通频带、选择性、阻抗的幅频特性和相频特性等，电路的主要特点是选频和作为电路负载，实现阻抗匹配。回路的品质因数增大，回路的能量损耗降低，通频带变窄，选择性变好，相应的幅频特性曲线和相频特性曲线变得更加陡峭（或尖锐）。

　　上述谐振回路中的各个物理参量可以称为固有参量。当回路有了信号源的激励和带有负载时，回路的各个物理参量就会发生变化，即品质因数减小，谐振回路的性质变差。为了改善电路的性质，需要增加阻抗变换电路，包括变压器阻抗变换电路、电感分压器阻抗变换电路和电容分压器阻抗变换电路，使得整个电路的阻抗变大，电路的品质因数变大，电路的性质得到改善。

　　小信号谐振放大器由小信号放大器和 LC 谐振电路组成，其具有选频和放大的功能。由于小信号谐振放大器的输入信号小，因此其工作在甲类工作状态，我们关注的是它的增益，而不关注它的效率，常用的是 Y 参数等效电路方法。

　　小信号谐振放大器的主要技术指标有电压增益、选择性和通频带。选择性和通频带相互制约，因此能够清楚地表述选择性的参数是矩形系数。从理论上来说，矩形系数越接近于 1，选择性越好。也就是说，电路的品质因数越大，放大器的电压增益越大，选择性越好，对应的通频带越窄。对于较窄的通频带，选择性就会变差，这一对矛盾显现出来。因此，在满足通频带的情况下，应尽最大可能增大回路的有载品质因数。单调谐电路谐振放大器的矩形系数接近于 10，比 1 要大很多，它的选择性极差，为此出现了多级单调谐电路谐振放大器，如双参差谐振放大器和同步谐振放大器。双参差谐振放大器的幅频特性曲线更接近于矩形，选择性要好很多；同步谐振放大器的级数越多，幅频特性曲线越尖锐，矩形系数越小，选择性越好。

思考与练习

　　1．简述 LC 并联谐振电路的基本特性，并说明 Q 值对电路特性的影响。

　　2．并联谐振电路的品质因数是否越大越好？说明如何选择并联谐振电路的有载品质因数 Q_e 的大小。

　　3．对于接收机的中频放大器，其中心频率 $f_0 = 465\text{kHz}$，$\text{BW}_{0.7} = 8\text{kHz}$，电路电容 $C = 200\text{pF}$，试计算电路的电感和 Q 值。若电感线圈的 $Q_0 = 100$，则在电路中应并联多大的电阻才能满足要求？

　　4．波段内调谐采用的并联振荡电路如图 2-41 所示，可变电容 C 值的变化范围为 12～260pF，C_t 为微调电容，电路的调谐范围为 535～1605kHz，求电路的电感 L 和 C_t 的值，并要求 C 的最大值和最小值分别与波段的最低频率和最高频率对应。

　　5．电容抽头的并联振荡电路如图 2-42 所示，谐振频率 $f_0 = 1\text{MHz}$，$C_1 = 400\text{pF}$，$C_2 = 100\text{pF}$，求电路电感值 L。若 $Q_0 = 100$，$R_L = 2\text{k}\Omega$，求该电路的有载品质因数 Q_L。

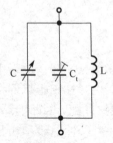

图 2-41　波段内调谐采用的并联振荡电路

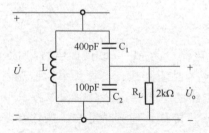

图 2-42　电容抽头的并联振荡电路

6. 石英晶体有何特点？为什么用它制作的振荡器的频率稳定度较高？

7. 已知一个频率为 5MHz 的基频石英晶体谐振器，$C_o = 6pF$，$C_q = 2.4 \times 10^{-2} pF$，$r_q = 15\ \Omega$。求此谐振器的 Q 值和串、并联谐振频率。

8. 设一放大器以简单并联振荡电路为负载，信号中心频率 $f_s = 10MHz$，回路电容 $C = 50pF$，

（1）试计算所需的线圈电感值。

（2）若线圈品质因数 $Q = 100$，试计算电路的谐振电阻及回路带宽。

（3）若放大器所需的带宽 BW = 0.5MHz，则应在回路中并联多大的电阻才能满足放大器所需的带宽要求？

第3章　谐振功率放大器

内容提要

高频功率放大器的作用是高效率地输出足够大的信号功率，其分为谐振功率放大器和宽带高频功率放大器。根据晶体管工作是否进入饱和区，谐振功率放大器的工作状态可分为欠压、临界、过压三种。高频功率放大器的输出功率大、管耗小、效率高。在高频功率放大器中，改变 R_P、V_{cc}、U_{im}、V_{bb} 的大小，放大器的工作状态也随之变化。4 个量中分别只改变其中的 1 个量，而其他 3 个量不变所得到的特性分别为负载特性、集电极调制特性、放大特性和基极调制特性。

谐振功率放大器的集电极直流馈电电路有串馈电路和并馈电路两种形式。滤波匹配网络的主要作用：一方面是将实际负载阻抗变换成放大器所要求的最佳负载阻抗；另一方面是有效滤波并把有用信号功率高效率地传送给负载。

学习目标

掌握谐振功率放大器高效率、大功率输出的基本工作原理，工作状态的分析，以及功率效率的计算。

掌握谐振功率放大器的工作状态、负载特性及滤波匹配网络的阻抗变换。

了解谐振功率放大器的实际电路，熟悉提高效率和输出功率的丁类谐振功率放大器电路及丙类倍频器。

思政剖析

（1）整体和部分的关系。从整个谐振功率放大器电路来看，体现了双高的概念，高功率比较好理解，由于放大管的作用，输出信号振幅放大，得到了功率的放大；高效率体现在电路工作在丙类，效率可达到 90%。而从部分来看，谐振功率放大器电路分为两个回路，即基极回路和集电极回路；两个回路涉及两个直流电源 V_{bb} 和 V_{cc}，两个直流电源能够实现电路的双高和电路不同的工作状态。这就说明，整体决定了电路的根本性质，部分体现和实现了电路的性质。

（2）看问题、办事情要抓主要矛盾，要用辩证的方法。理解了电路的基本结构和各部分的作用后，就能够抓住主要矛盾，从两个直流电源出发，一个使电路工作在丙类工作状态，另一个使电路呈现不同的工作状态；而两个直流电源体现在双回路中，电路的工作状态决定于 u_{ce}，即所有问题集中在了 u_{ce} 大小的变化上，重点看哪些物理量或参数的变化会引起 u_{ce} 的变化，这是核心所在。

电路的双高作用之外的另一个重要组成部分，也不能被忽略，就是把并联谐振电路作为集电极的负载，这也是一个核心环节。这里明确了，对集电极负载电路脉冲电流信号的处理是核心。从电流信号的变化角度进行分析，就能窥得全貌，即从输入的信号是标准的、完整的正弦波，而在基极和集电极上的电流是脉冲电流，到输出信号也是标准的、完整的正弦波，起作用的是并联谐振电路。因此，在丙类工作状态下，基极和集电极的电流都是脉冲式的余弦信号，如果将这样的信号直接输出就是失真的信号，不符合设计电路的初衷。这里的周期性的脉冲电流信号可以用傅里叶级数展开，展开项中包含了直流和交流，交流中又有众多的频率分量，包含基波、二次谐波、三次谐波等，故晶体管的集电极负载采用并联谐振电路，并利用它的选频作用，将电流的基波信号选择出来，其他谐波电流信号被过滤掉，这个基波信号只对该并联谐振电路的谐振阻抗起作用。当集电极回路调谐于高频输入信号频率时，由于回路的选择性，对集电极电流的基波分量来说，回路等效为谐振阻抗 R_p；对各次谐波来说，回路失谐，呈现很小的阻抗，回路两端可近似认为短路；而直流分量只能通过回路电感支路，其直流电阻很小，也可近似认为短路。这样，脉冲形状的集电极电流 i_c 流经谐振回路时，只有基波电流才产生电压降，即回路两端只有基波电压。因而，输出的高频电压信号的波形没有失真。

（3）鼓干劲，树信心，踔厉前行，一起向未来。在放大器持续放大并与其他元件协同配合的共同激励下，信号得到放大。我们可以明确且笃定电路的双高作用。

3.1 丙类谐振功率放大器

谐振功率放大器的主要功能是放大高频信号，并且以高效输出大功率为目标，它主要应用于各种无线电发射机。发射机中的振荡器产生的信号功率很小，需要经多级谐振功率放大器才能获得足够大的功率，进而传送给天线并辐射出去。谐振功率放大器主要用于放大高频信号或高频已调波（即窄带）信号。

谐振功率放大器采用谐振电路作集电极负载，该电路的选频解决了输出信号的失真，阻抗匹配实现了谐振功率放大器的高功率。就放大过程而言，电路中的晶体管在截止、放大及饱和等区域中工作，表现出了明显的非线性特性。但其效果既可以对窄带信号实现不失真放大，又可以使电压增益随输入信号大小的变换而变化，实现非线性放大。读者要从原理上深刻了解这一特点，在电路上充分理解谐振电路的选频和阻抗变换作用，以及负载、调制、放大等外部特性。

谐振功率放大器的输出功率范围，小到便携式发射机的毫瓦级，大到无线电广播电台的几十千瓦级，甚至兆瓦级。目前，功率为几百瓦以上的谐振功率放大器的有源器件大多为电子管，几百瓦以下的谐振功率放大器则主要采用双极晶体管和大功率场效应管。

能量（功率）是不能放大的，高频信号的功率放大的实质是，在输入高频信号的控制下，将电源直流功率转换成高频功率，因此除要求谐振功率放大器产生符合要求的高频功率外，还应要求其具有尽可能高的转换效率。

由所学的模拟电子电路的知识可知，低频功率放大器可以工作在 A（甲）类状态、B（乙）类状态或 AB（甲乙）类状态，B 类状态要比 A 类状态的效率高（A 类的最大效率 $\eta_{max} = 50\%$；B 类的最大效率 $\eta_{max} = 78.5\%$）。为了提高效率，谐振功率放大器多工作在 C 类状态，即丙类。为了进一步提高谐振功率放大器的效率，近年来又出现了 D 类、E 类和 S 类等开关型谐振功率放大器，以及利用特殊电路技术来提高放大器效率的 F 类、G 类和 H 类谐振功率放大器。本节主要讨论 C 类（丙类）谐振功率放大器的工作原理。

应当指出，尽管谐振功率放大器和低频功率放大器都要求输出功率大和效率高，但二者的工作频率和相对带宽相差很大，因此存在着本质的区别。低频功率放大器的工作频率低，但相对频带很宽，工作频率一般在 20～20000Hz，高频端与低端的工作频率之差高达 1000 倍。所以，低频功率放大器的负载不能采用调谐负载，而要采用电阻、 变压器等非调谐负载。而谐振功率放大器的工作频率很高，可为几百千赫兹到几百兆赫兹，甚至几万兆赫兹，但其相对频带一般很窄。例如，调幅广播电台的频带为 9kHz，若中心频率取为 900kHz，则相对带宽仅为 1%。因此谐振功率放大器一般都采用选频网络作为负载。近年来，为了简化调谐，人们设计了宽带高频功率放大器，和宽带小信号放大器一样，其负载采用传输线变压器或其他宽带匹配电路，宽带高频功率放大器常用在中心频率多变化的通信电台中，本节只讨论窄带高频功率放大器（即谐振功率放大器）的工作原理。

由于谐振功率放大器要求在高频下工作，信号电平高、效率高，因此工作在高频状态和大信号非线性状态下是谐振功率放大器的主要特点。要准确地分析有源器件（晶体管、场效应管和电子管）在高频状态和非线性状态下的工作情况是十分困难和烦琐的，且从工程应用角度来看也无此必要。因此，在下面的讨论中，我们将在一些近似条件下进行分析，着重定性地说明谐振功率放大器的工作原理和特性。

3.1.1　电路组成及基本工作原理

谐振功率放大器具有以下两个特点：

（1）为了提高效率，放大器常工作于丙类状态，晶体管发射结为负偏置，由基极直流电压 V_{bb} 保证，流过晶体管的电流为余弦脉冲波形。

（2）负载为谐振电路，除了确保从电流脉冲波中取出基波分量、获得正弦电压波形，还能实现放大器的阻抗匹配。

谐振功率放大器的主要功能是用小功率的高频输入信号去控制谐振功率放大器，将直流电源供给的能量转换为大功率高频能量并输出，它主要应用于各种无线电发射机。

3.1.1.1　谐振功率放大器的工作状态

谐振功率放大器的工作状态如图 3-1 所示。在放大器中，根据晶体管的导通角 θ 的大小，将导通角 $\theta = 180°$ 的晶体管的工作状态称为甲类工作状态；$\theta = 90°$ 的晶体管的工作状态称为乙类工作状态；$\theta < 90°$ 的晶体管的工作状态称为丙类工作状态。从集电极耗散功率的公式可以看出，要使放大器的集电极耗散功率低，有两种方法：一是减小积分上下限；二是减小被积分项。丙类工作状态的放大器的导通角小于 90°，导通时间短，根据电路原理可得，产生的热量少，所以在丙类工作状态的放大器的耗散功率低。

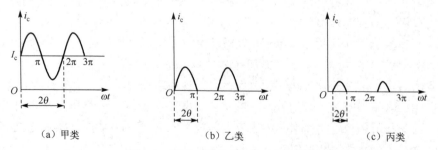

（a）甲类　　　　　　　　　（b）乙类　　　　　　　　　（c）丙类

图 3-1　谐振功率放大器的工作状态

3.1.1.2　谐振功率放大器的电路组成

谐振功率放大器的原理电路和三极管电路如图 3-2 所示，图中 V_{cc}、V_{bb} 为集电极与基极的直流电源电压，其中 V_{bb} 使放大器工作于丙类工作状态。V_{bb} 的值应使晶体管工作在截止区，其一般为负值，即静态时发射结为反偏。当输入电压 $u_i = 0$ 时，晶体管截止，集电极电流 $i_c = 0$，LC 电路调谐于输入信号的中心频率，构成滤波匹配网络。LC 与 R_L 构成并联谐振电路，对输入信号进行选频。由于 R_L 的值比较大，因此，谐振功率放大器的谐振品质因数比小信号谐振放大器中的 Q_T 要小，只不过它不影响谐振回路对谐波成分的抑制作用。

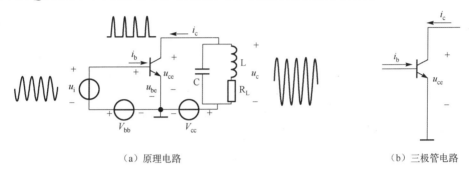

（a）原理电路　　　　　　　　　　　　　（b）三极管电路

图 3-2　谐振功率放大器的原理电路和三极管电路

3.1.1.3　谐振功率放大器的工作原理

由谐振功率放大器的原理电路可得，基极回路的基尔霍夫电压方程为

$$u_{be} = V_{bb} + u_i = V_{bb} + U_{im}\cos(\omega t) \tag{3-1}$$

式中，U_{im} 是输入电压的最大值；u_{be} 是基极和发射极间的电压，其对应的电压、电流波形如图 3-3（a）所示。当 u_{be} 的瞬时值大于基极和发射极之间的导通电压 $U_{be(on)}$ 时，晶体管导通，产生基极脉冲电流 i_b，如图 3-3（b）所示。

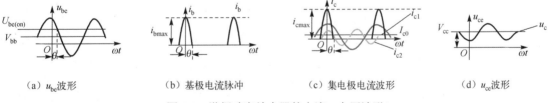

（a）u_{be}波形　　　　（b）基极电流脉冲　　　　（c）集电极电流波形　　　　（d）u_{ce}波形

图 3-3　谐振功率放大器的电流、电压波形
（说明：忽略了结电容的影响）

根据晶体管的工作原理，基极导通后，晶体管由截止区进入放大区，集电极也有了电流，其变化规律和基极电流类似，也是脉冲式，如图 3-3（c）所示。由数学概念可知，周期性变化的物理量，都可以用傅里叶级数展开，故有

$$i_c = I_{c0} + I_{c1m}\cos(\omega t) + I_{c2m}\cos(2\omega t) + \cdots + I_{cnm}\cos(n\omega t) \tag{3-2}$$

式中，I_{c0} 为集电极电流的直流分量；I_{c1m}，I_{c2m}，$\cdots$，I_{cnm} 分别为集电极电流的基波、二次谐波及高阶谐波分量的振幅。

同理可得

$$i_b = I_{b0} + I_{b1m} \cos(\omega t) + I_{b2m} \cos(2\omega t) + \cdots + I_{bnm} \cos(n\omega t) \qquad (3\text{-}3)$$

式中，I_{b0} 为基极电流的直流分量；I_{b1m}，I_{b2m}，$\cdots$，I_{bnm} 分别为基极电流的基波、二次谐波及高阶谐波分量的振幅。

谐振功率放大器的集电极负载是 LC 并联电路。当负载电路的频率调谐在输入信号频率 ω 上，即调谐在 i_c 的基频上时，LC 并联电路发生谐振，其等效为一个电阻，但对于 i_c 的其他谐波成分，由于失谐对外呈现很小的电抗，因此 LC 并联电路可近似看成短路；直流成分只能通过电感线圈支路，相应的直流电阻很小，其也可看成短路。综上可得到，在脉冲形状的集电极电流 i_c 的众多分量中，只有基波分量在 LC 并联电路中产生电压降，或者说，能够使集电极负载电路发生谐振的频率是集电极电流的基频 ω，因此 LC 并联电路上的电压降为

$$u_c = -R_p I_{c1m} \cos(\omega t) = -U_{cm} \cos(\omega t) \qquad (3\text{-}4)$$

从而得到集电极回路的基尔霍夫电压方程为

$$u_{ce} = V_{cc} + u_c = V_{cc} - U_{cm} \cos(\omega t) \qquad (3\text{-}5)$$

式中，U_{cm} 为集电极电压的振幅；u_{ce} 是集电极和发射极间的电压，对应的波形如图 3-3（d）所示。

谐振电路调谐于基波频率，只有 i_c 中的基波分量能在电路两端产生电压，u_c 与 u_i 反相。当 u_{be} 为 u_{bemax} 时，i_c 为 i_{cmax}，而 u_{ce} 为 $u_{ce\,min}$。从波形上看出，i_c 不仅出现时间短，而且只在 u_{ce} 很小的时段内才出现，因此集电极损耗很小，功率放大器效率较高。

设置 $V_{bb} < U_{be(on)}$，使晶体管工作于丙类工作状态。当输入信号较大时，可得集电极电流为余弦电流脉冲。将 LC 并联电路的频率调谐在信号的基波频率上，就可将余弦电流脉冲变换为不失真的余弦电压并输出。

3.1.2 余弦电流脉冲的分解

假设不考虑结电容，即略去 u_{ce} 对 i_c 的影响，将转移特性折线化，可得谐振功率放大器集电极电流脉冲的波形，如图 3-4 所示。

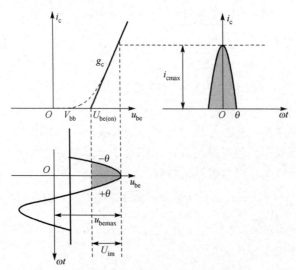

图 3-4 谐振功率放大器集电极电流脉冲的波形

电流脉冲可以近似分析如下：

$$\begin{cases} u_{be} = V_{bb} + U_{im}\cos(\omega t) \\ i_c = g_c[u_{be} - U_{be(on)}], \quad u_{be} > U_{be(on)} \\ i_c = 0, \qquad\qquad\qquad u_{be} \leqslant U_{be(on)} \end{cases} \tag{3-6}$$

式中，g_c 是折线化转移特性曲线的斜率。

将式（3-6）整理得

$$i_c = g_c[V_{bb} + U_{im}\cos(\omega t) - U_{be(on)}] \tag{3-7}$$

当 $\omega t = \theta$ 时，$i_c = 0$，则

$$\cos\theta = \frac{U_{be(on)} - V_{bb}}{U_{im}} \tag{3-8}$$

所以

$$i_c = g_c U_{im}[\cos(\omega t) - \cos\theta] \tag{3-9}$$

当 $\omega t = 0$ 时，$i_c = i_{cmax}$，代入式（3-9）得

$$i_{cmax} = g_c U_{im}(1 - \cos\theta) \tag{3-10}$$

故 $g_c U_{im} = \dfrac{i_{cmax}}{1 - \cos\theta}$，代入式（3-9）得

$$i_c = i_{cmax}\frac{\cos(\omega t) - \cos\theta}{1 - \cos\theta} \tag{3-11}$$

利用傅里叶级数可将 i_c 的脉冲序列展开为

$$i_c = I_{c0} + \sum_{n=1}^{\infty} I_{c1m}\cos(n\omega t) \tag{3-12}$$

式中，I_{c0} 为直流分量；I_{cmm} 为基波及各次谐波分量的振幅，对应的各个分量都是 θ 的函数，因此它们的关系分别为

$$\left.\begin{array}{l} I_{c0} = \dfrac{1}{2\pi}\displaystyle\int_{-\pi}^{\pi} i_c\mathrm{d}\omega t = i_{cmax}\alpha_0(\theta) \\[2mm] I_{c1m} = \dfrac{1}{\pi}\displaystyle\int_{-\pi}^{\pi} i_c\cos(\omega t)\mathrm{d}\omega t = i_{cmax}\alpha_1(\theta) \\[2mm] \vdots \\[2mm] I_{cmm} = \dfrac{1}{\pi}\displaystyle\int_{-\pi}^{\pi} i_c\cos(n\omega t)\mathrm{d}\omega t = i_{cmax}\alpha_n(\theta) \end{array}\right\} \tag{3-13}$$

式中，$\alpha(\theta)$ 为余弦脉冲电流分解系数，是导通角 θ 的函数。$g_1(\theta) = \dfrac{\alpha_1(\theta)}{\alpha_0(\theta)}$ 称为波形系数。$\alpha_0(\theta)$、$\alpha_1(\theta)$、$\alpha_2(\theta)$、$\alpha_3(\theta)$ 和 $g_1(\theta)$ 的曲线图如图 3-5 所示，上述各个量可以通过 θ 从图中查出来。各个量与 θ 的对应关系如表 3-1 所示。

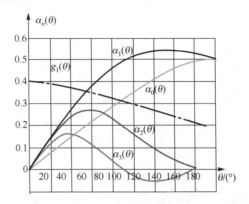

图 3-5 $\alpha_0(\theta)$、$\alpha_1(\theta)$、$\alpha_2(\theta)$、$\alpha_3(\theta)$ 和 $g_1(\theta)$ 的曲线图

表 3-1 各个量与 θ 的对应关系

$\theta/(°)$	$\cos\theta$	$\alpha_0(\theta)$	$\alpha_1(\theta)$	$\alpha_2(\theta)$	$g_1(\theta)$	$\theta/(°)$	$\cos\theta$	$\alpha_0(\theta)$	$\alpha_1(\theta)$	$\alpha_2(\theta)$	$g_1(\theta)$
0	1.000	0.000	0.000	0.000	2.00	75	0.259	0.269	0.455	0.258	1.69
40	0.766	0.147	0.280	0.241	1.90	80	0.174	0.286	0.472	0.245	1.65
50	0.643	0.183	0.339	0.267	1.85	90	0.000	0.319	0.500	0.212	1.57
55	0.574	0.201	0.366	0.273	1.82	100	−0.174	0.350	0.520	0.172	1.49
60	0.500	0.218	0.391	0.276	1.80	110	−0.342	0.379	0.531	0.131	1.40
65	0.423	0.236	0.414	0.274	1.76	120	−0.500	0.406	0.536	0.092	1.32
68	0.375	0.246	0.427	0.270	1.74	130	−0.643	0.431	0.534	0.058	1.24
70	0.342	0.253	0.436	0.267	1.73	150	−0.866	0.472	0.520	0.014	1.10
72	0.309	0.259	0.444	0.264	1.71	180	−1.000	0.500	0.500	0.000	1.00

3.1.3 输出功率与效率

谐振功率放大器的负载是 LC 电路，当它谐振时，只对基频有电压降，而对其他谐波成分的电压降很低。由于谐振电路中有电感，它对直流有电压降，因此对 LC 谐振电路来说，输出功率只包含直流功率和基波功率，故放大器的输出功率 P_o 为集电极电流的基波分量在谐振阻抗 R_P 上产生的平均功率，即

$$P_o = \frac{1}{2}I_{c1m}U_{cm} = \frac{1}{2}I_{c1m}^2 R_P = \frac{U_{cm}^2}{2R_P} \tag{3-14}$$

集电极直流电源供给功率 P_D 等于集电极电流直流分量 I_{c0} 和 V_{cc} 的乘积，即

$$P_D = I_{c0}V_{cc} \tag{3-15}$$

集电极的耗散功率 P_c 等于集电极直流电源供给功率 P_D 与基波输出功率 P_o 的差，即

$$P_c = P_D - P_o \tag{3-16}$$

放大器集电极效率 η_c 等于输出功率 P_o 与集电极直流电源供给功率 P_D 的比值，即

$$\eta_c = \frac{P_o}{P_D} = \frac{1}{2}\frac{I_{c1m}}{I_{c0}}\frac{U_{cm}}{V_{cc}} \tag{3-17}$$

将 $g_1(\theta) = \dfrac{\alpha_1(\theta)}{\alpha_0(\theta)}$ 代入式（3-17）得

$$\eta_c = \frac{1}{2}\frac{\alpha_1(\theta)}{\alpha_0(\theta)}\frac{U_{cm}}{V_{cc}} = \frac{1}{2}g_1(\theta)\frac{U_{cm}}{V_{cc}} \tag{3-18}$$

$g_1(\theta)$ 是导通角 θ 的函数，从图 3-5 可以看出，θ 越小，$g_1(\theta)$ 越大，放大器的效率越高。由效率关系式可得出以下结论。

（1）甲类工作状态：$\theta = 180°$，$g_1(\theta) = 1$，$\eta_c = 50\%$；

（2）乙类工作状态：$\theta = 90°$，$g_1(\theta) = \pi/2$，$\eta_c = 78.5\%$；

（3）丙类工作状态：$\theta = 60°$，$g_1(\theta) = 1.8$，$\eta_c = 90\%$。

例 3-1　在图 3-2 所示的谐振功率放大器原理电路中，$V_{cc} = 24\text{V}$，$P_o = 5\text{W}$，$\theta = 70°$，$\dfrac{U_{cm}}{V_{cc}} = 0.9$，求该功率放大器的 η_c、P_c、P_D、i_{cmax} 和电路的谐振阻抗 R_P。

解： 由式（3-18）得

$$\eta_c = \frac{1}{2}\frac{\alpha_1(\theta)}{\alpha_0(\theta)}\frac{U_{cm}}{V_{cc}} \approx \frac{1}{2}\times 1.72\times 0.9 = 77\%$$

$$P_D = \frac{P_o}{\eta_c} \approx \frac{5}{0.77} \approx 6.5\text{W}$$

$$P_c = P_D - P_o = 6.5 - 5 = 1.5\text{W}$$

由于 $P_o = \dfrac{1}{2}I_{c1m}U_{cm} = \dfrac{1}{2}i_{cmax}\alpha_1(\theta)\dfrac{U_{cm}}{V_{cc}}V_{cc}$，因此

$$i_{cmax} = \frac{2P_o}{\alpha_1(\theta)\dfrac{U_{cm}}{V_{cc}}V_{cc}} \approx 1.06\text{A}$$

$$R_P = \frac{U_{cm}}{I_{c1m}} \approx 46.7\Omega$$

3.2　谐振功率放大器的特性分析

图 3-6 所示为一个采用晶体管的谐振功率放大器的原理电路，除电源和偏置电路外，它是由晶体管、谐振回路和输入回路三部分组成的。谐振功率放大器常采用平面工艺制造的 NPN 高频大功率晶体管，它能承受高电压和大电流，并有较高的特征频率 f_T。晶体管作为一个电流控制器件，它在较小的激励电压信号作用下，形成基极电流 i_b，i_b 控制了较大的集电极电流 i_c，i_c 流过谐振回路产生高频功率并输出，从而完成了把电源的直流功率转换为高频功率的任务。为了使谐振功率放大器高效地输出大功率，常选在丙类状态下工作，为了保证在丙类状态下工作，基极偏置电压 V_{bb} 应使晶体管工作在截止区，一般为负值，即静态时发射结为反偏。此时输入激励信号应为大信号，一般在 0.5V 以上，可达 1～2V，甚至更大。也就是说，晶体管工

作在截止和导通（线性放大）两种状态下，基极电流和集电极电流均为高频脉冲信号。与低频功率放大器不同的是，谐振功率放大器选用谐振回路作为负载，既保证输出电压相对于输入电压不失真，谐振回路又具有阻抗变换的作用，这是因为集电极电流是周期性的高频脉冲，其频率分量除了有用分量（基波分量），还有谐波分量和其他频率成分，用谐振回路选出有用分量，将其他无用分量滤除；通过对谐振回路阻抗的调节，使谐振回路呈现谐振功率放大器所要求的最佳负载阻抗值，即阻抗匹配，使谐振功率放大器高效地输出大功率。

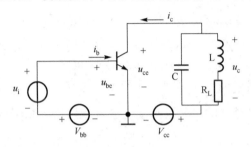

图 3-6　一个采用晶体管的谐振功率放大器的原理电路

3.2.1　谐振功率放大器的工作状态

谐振功率放大器工作状态的分类：按晶体管导通时间长短分为甲类（始终导通）、乙类（半周导通）、甲乙类（大半周导通）和丙类（小半周导通）（见图 3-7）；丙类谐振功率放大器按晶体管是否进入饱和区分为欠压（不进入饱和区）、过压（进入饱和区）和临界（达到临界饱和）（见图 3-8）。

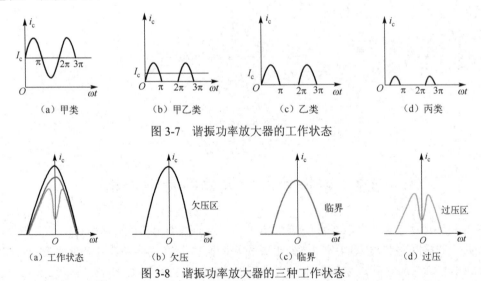

（a）甲类　（b）甲乙类　（c）乙类　（d）丙类

图 3-7　谐振功率放大器的工作状态

（a）工作状态　（b）欠压　（c）临界　（d）过压

图 3-8　谐振功率放大器的三种工作状态

3.2.1.1　欠压状态

丙类谐振功率放大器中的晶体管工作在不饱和区，把这种工作状态称为欠压状态。在欠压状态，由于输出电压幅值 U_{cm} 比较小，且 $U_{cemin}>U_{ce(sat)}$，晶体管工作时将不会进入饱和区，因此 i_c 的波形为尖顶余弦脉冲（见图 3-8）。因为在谐振时，基极电压最大值 U_{bemax} 与集电极

电压最小值 U_{cemin} 同时出现，所以，当 U_{cemin} 比较大（$>U_{bemax}$）时，晶体管不会进入饱和区，此时，工作在欠压状态。由 $U_{cemin} = V_{cc} - U_{cm}$ 知，U_{cm} 越小，U_{cemin} 越大，晶体管不会进入饱和区，放大器输出功率小，管耗大，效率低。

3.2.1.2　临界状态

随着输出电压幅值 U_{cm} 增大，使晶体管工作在放大区和饱和区之间的临界状态，i_c 的波形为尖顶余弦脉冲，但顶端变化平缓。当增大 U_{cm} 时，U_{cemin} 会减小，可使放大器在 $U_{be} = U_{cemin}$ 时工作在放大区和饱和区之间的临界点上，晶体管工作在放大区和截止区内，集电极电流仍为尖顶余弦脉冲。此时，放大器输出功率大、管耗小、效率高。

3.2.1.3　过压状态

丙类谐振功率放大器中的晶体管工作在饱和区，把这种工作状态称为过压状态。由于谐振回路是谐振功率放大器的负载，在 Q 值比较大时，输出电压幅值 U_{cm} 过大，使 $U_{cemin} < U_{ce(sat)}$，在 $\omega t = 0$ 附近晶体管工作在饱和区，i_c 的波形为中间凹陷的余弦脉冲。因为放大电路的负载为谐振回路，当 Q 值比较大时，可能产生较大的 U_{cm}，使 U_{cemin} 很小[小于 $U_{be(on)}$]，导致晶体管在 $\omega t = 0$ 时，因 U_{ce} 很小进入饱和区。集电结正偏时，u_{be} 的增加对 i_c 影响不大，而 i_c 却因 u_{ce} 的下降而迅速减小，所以在集电极电流脉冲顶部产生下凹的现象。当 U_{cm} 越大时，U_{cemin} 越小，脉冲凹陷越深，脉冲高度越小。此时，放大器的输出功率较大，管耗小，效率高。

i_c 凹陷的原因是谐振回路作为负载。当放大器饱和时，u_{be} 对 i_c 的影响很小，但回路选出的 u_c 值继续增大，使 u_{ce} 继续减小、i_c 迅速减小，从而出现凹陷。U_{cm} 越大，U_{cemin} 越小，凹陷越深，脉冲高度越小。

"杯子现象"，这里打个比方，将 u_{ce} 看成杯子，杯子大，容量大，表示欠压；杯子小，容量小，表示过压；暂且将这个比方称为杯子现象。如果 u_{ce} 由小变大，相当于杯子由小变大，对应于工作状态从过压到临界到欠压的过渡；如果 u_{ce} 由大变小，相当于杯子由大变小，对应于工作状态从欠压到临界到过压的过渡。因此，整个过程主要看哪些参数的改变会影响到 u_{ce} 的变化。

在功率放大器中，若 R_P、U_{im}、V_{bb}、V_{cc} 改变，则放大器的工作状态也跟随变化。4 个量中分别只改变其中 1 个量，其他 3 个量不变所得到的特性分别为负载特性、放大特性、基极调制特性和集电极调制特性。

3.2.2　负载特性

当 V_{cc}、V_{bb}、U_{im} 不变时，此时放大器的电流、电压、功率与效率随谐振回路谐振电阻 R_P 变化而变化的特性为放大器的负载特性，R_P 变化时 i_c 的波形如图 3-9 所示。

下面首先分析随 R_P 变化时放大器的电流、电压变化。

当 R_P 由小逐渐增大时，U_{cm} 也随之由小变大，放大器由欠压状态进入临界状态和过压状态。在欠压状态下，尖顶脉冲高度随 R_P 的增加而略微下降，所以分解出的 I_{c1m} 和 I_{c0} 变化不大。在过压状态下，随着 R_P 的增大，i_c 脉冲凹陷的程度随 R_P 的增大而急剧加深，使分解出的 I_{c1m}、I_{c0} 急剧下降，R_P 变化时电压、电流、功率和效率的变化曲线如图 3-10 所示。

由公式 $U_{cm} = I_{c1m} R_P$ 得，在欠压状态下，I_{c1m} 随 R_P 增加缓慢下降，近似看成常数，所以 U_{cm} 随 R_P 的增加而迅速增加；在过压状态下，I_{c1m} 随 R_P 增加迅速下降，所以，U_{cm} 随 R_P 增加而缓慢上升。

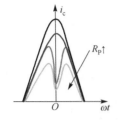
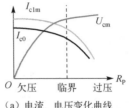

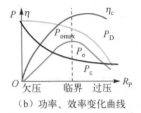

图 3-9　R_P 变化时 i_c 的波形　　　　图 3-10　R_P 变化时电压、电流、功率和效率的变化曲线

R_P 增大，使 U_{cm} 增大，U_{cemin} 减小，由杯子现象可知，放大器的工作状态从欠压状态经临界状态过渡到过压状态。

接下来分析放大器的功率和效率的变化。如图 3-10 所示，根据式（3-14）～式（3-17）可以得到放大器随着 R_P 变化而变化的规律。

（1）先看 P_D，由式（3-15）可知，V_{cc} 不变，P_D 的变化规律和 I_{c0} 一致。

（2）再看 P_o，由式（3-14）和图 3-10 得，在欠压状态下，I_{c1m} 随 R_P 的增加而缓慢下降，P_o 和 R_P 近似呈线性关系，所以，P_o 随 R_P 的增加而增加；在过压状态下，I_{c1m} 随 R_P 的增加而迅速下降，但在式中 I_{c1m} 是平方，R_P 是一次方，可近似看作 P_o 和 I_{c1m} 呈线性关系，所以 P_o 随 R_P 的增加而下降，对应临界状态的输出功率最大。

（3）接着看 P_c，集电极的耗散功率是两个功率的差，在欠压状态下，随着 R_P 的减小，P_c 增加得很快，当 $R_P = 0$，即集电极回路被短路时，P_o 为 0，P_c 达到最大，等于 P_D，即集电极直流输入的功率全部消耗在集电极上，这时晶体管可能会因 P_c 超过集电极的最大允许功耗而被损坏，这是在实际操作使用中需要注意的。在过压状态下，由图 3-10 可以看出，P_D 和 P_o 的曲线几乎以同一规律下降，即两条曲线近乎平行，所以，P_c 几乎不随 R_P 的增加而有变化，且基本稳定在很小的数值上。

（4）最后看 η_c，由式（3-17）可知，效率是输出功率与输入功率的比值，在欠压状态下，P_D 几乎不随 R_P 变化，几乎呈直线，因此效率随 R_P 的变化规律和 P_o 的变化规律几乎一致；到达临界状态后，P_D 和 P_o 都随 R_P 的增加而下降，但因刚开始 P_o 的下降没有 P_D 下降得快，到后面 P_o 的下降比 P_D 快，导致了 η_c 略有增加后下降。

最后，从图 3-10 所示的功率和效率的变化曲线看出，临界时 P_o 最大，P_c 较小，效率 η_c 较高，功率放大器达到性能最佳，因此将这时的 R_P 称为谐振功率放大器的匹配负载或最佳负载，用 R_{popt} 表示其值：

$$R_{popt} = \frac{1}{2}\frac{U_{cm}^2}{P_o} = \frac{1}{2}\frac{[V_{cc} - U_{ce(sat)}]^2}{P_o} \tag{3-19}$$

3.2.3　放大特性

前面介绍了负载特性，接着分析 U_{im} 对放大器工作状态的影响，当 R_P、V_{bb}、V_{cc} 不变时，U_{cm} 随 U_{im} 变化的特性称为放大特性或振幅特性。当谐振功率放大器用作线性放大器时应工作于欠压区，若工作于过压区，则成为限幅器。由图 3-11 所示的 U_{im} 对放大器工作状态的影响可以看到，这里的状态变化过程为 U_{im} 由小变大，由基极回路的电压方程可以看出，相应的基极电流也变大，根据三极管的放大原理，集电极电流也变大，相应的集电极电流的傅里叶展开项的每一项都变大，对应集电极的输出电压 U_{cm} 变大，由集电极回路的电压方程可知，u_{ce} 和

U_{cm} 成反比，因此，u_{ce} 变小，根据前面的比方，可得到 U_{im} 变大引起 u_{ce} 变小的规律，因此工作状态的变化是从欠压到临界到过压的过渡。而 U_{im} 是输入信号的振幅，U_{cm} 是输出信号的振幅，当 U_{im} 增大时，导致 U_{cm} 增大，这正是放大原理的要求，故将这一特性称为放大特性。

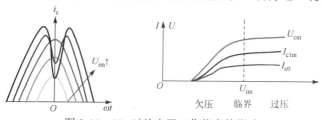

图 3-11　U_{im} 对放大器工作状态的影响

3.2.4　基极调制特性

分析了负载特性和放大特性后，现在来看 V_{bb} 对放大器工作状态的影响，当 R_P、V_{cc}、U_{im} 不变时，U_{cm} 随 V_{bb} 变化的特性称为基极调制特性。由于 V_{bb} 的变化和 U_{im} 变化引起 u_{ce} 变化的规律相同，其分析过程如上所述，得到的结论是 V_{bb} 变大，引起 u_{ce} 变小，因此工作状态的变化是从欠压到临界到过压的过渡，V_{bb} 对放大器工作状态的影响如图 3-12 所示。谐振功率放大器用作基极调制电路时，必须工作于欠压区。

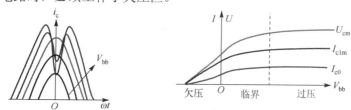

图 3-12　V_{bb} 对放大器工作状态的影响

要实现振幅调制，就必须使高频信号振幅 U_{cm} 与直流电压（V_{bb}）呈线性关系（或近似线性），因此在基极调制特性中，放大器应选择在欠压状态下工作。在直流电压 V_{bb} 上叠加一个较小的信号（调制信号），并使放大器工作在选定的工作状态，则输出信号的振幅将会随调制信号的规律变化，从而完成振幅调制，使功率放大器和调制一次完成，称为高电平调制，V_{bb} 的调制特性如图 3-13 所示。

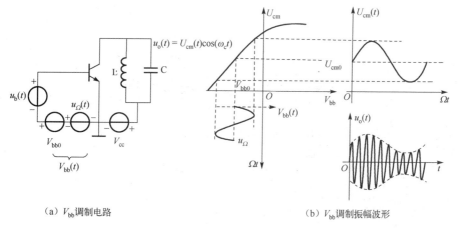

（a）V_{bb} 调制电路　　　　　　　　　　（b）V_{bb} 调制振幅波形

图 3-13　V_{bb} 的调制特性

3.2.5　集电极调制特性

前面讲述了 R_P、V_{bb}、U_{im} 的变化对放大器工作状态的影响，现在保持这 3 个参数不变，当 V_{cc} 增大时，使 U_{cemin} 变大，由杯子现象可知，使放大器从过压状态经临界状态过渡到欠压状态，V_{cc} 对放大器工作状态的影响如图 3-14 所示。

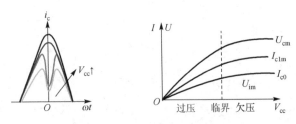

图 3-14　V_{cc} 对放大器工作状态的影响

当 R_P、V_{bb}、U_{im} 不变时，U_{cm} 随 V_{cc} 变化的特性称为集电极调制特性。谐振功率放大器用作集电极调制电路时，必须工作于过压区。

要实现振幅调制，就必须使高频信号振幅 U_{cm} 与直流电压（V_{cc}）呈线性关系（或近似线性），因此在集电极调制特性中，放大器应选择在过压状态下工作。在直流电压 V_{cc} 上叠加一个较小的信号（调制信号），并使放大器工作在选定的工作状态，则输出信号的振幅将会随调制信号的规律变化，从而完成振幅调制，使功率放大器和调制一次完成，通常称为高电平调制，V_{cc} 的调制特性如图 3-15 所示。

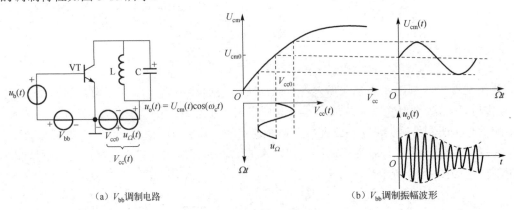

（a）V_{bb} 调制电路　　　　　　　　　　　（b）V_{bb} 调制振幅波形

图 3-15　V_{cc} 的调制特性

3.3　谐振功率放大器电路

谐振功率放大器是由输入回路、晶体管和输出回路组成的。输入回路、输出回路在谐振功率放大器中的作用：提供放大器所需的正常偏置，实现滤波（调谐于基波频率），保证阻抗匹配。可认为谐振功率放大器是由直流馈电电路和匹配网络两部分组成的。

3.3.1　集电极直流馈电电路

按谐振功率放大器的电路连接方式，集电极直流馈电电路可分为串馈电路、并馈电路，如图 3-16 所示。串馈电路是指直流电源 V_{cc}、负载谐振回路（滤波匹配网络）和晶体管在电路形式上为串接的一种馈电方式；如果三者是并接在一起的，那么这种馈电方式称为并馈电路。L_c、C_{c1} 构成电源滤波器，避免信号电流通过直流电源而产生级间反馈。

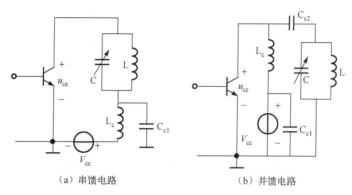

（a）串馈电路　　　　　　　　　（b）并馈电路

图 3-16　集电极直流馈电电路

集电极直流馈电电路的 L_c 为高频扼流圈，它的感抗很大，近似开路，对高频信号具有"扼制作用"；C_{c1} 为旁路电容，对高频近似短路，它与 L_c 构成电源滤波电路，避免信号电流通过直流电源而产生级间反馈，造成工作不稳定。C_{c2} 为隔直电容，对信号频率的容抗很小，接近短路。

虽然电路结构形式不同，两者的谐振回路接入方式不同，但都满足了

$$u_{ce} = V_{cc} + u_c = V_{cc} - U_{cm}\cos(\omega t)$$

串馈电路特点：L_c 回路处于直流高电位，谐振元件不能直接接地。

并馈电路特点：L_c 回路处于直流低电位，谐振元件能直接接地，易安装。但 L_c、C_{c1} 并联于回路，其分布参数直接影响谐振回路的调谐。

3.3.2　基极偏置电路

要使谐振功率放大器工作在丙类工作状态，电路晶体管的基极应加反向偏压或小于导通电压 $U_{be(on)}$ 的正向偏压。谐振功率放大器电路采用基极偏压方式连接，集电极直流电源经电阻分压供给，只能提供小的正向基极偏压；或采用自给偏压电路来获得，只能提供反向偏压。欲使晶体管工作于丙类工作状态，基极应加反向偏压或小于 $U_{be(on)}$ 的正向偏压，基极偏置电路如图 3-17 所示。

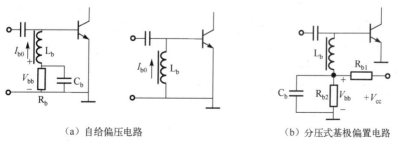

（a）自给偏压电路　　　　　　　　　（b）分压式基极偏置电路

图 3-17　基极偏置电路

在自给偏压电路中，未加输入信号时，$i_b = 0$，因此偏置电压也为零，利用式（3-3），当

直流分量 I_{b0} 流经 L_b 中的固有直流电阻 R_b 时，在 R_b 两端产生偏压 $V_{bb} = -I_{b0}R_b$，调节 R_b 的大小，可调节反偏电压大小。当输入信号幅度由小加大时，i_b 增大，其直流分量 I_{b0} 也增大，反向偏压随之增大。这种偏置电压随输入信号幅度而变化的现象称为自给偏压效应。

对于分压提供偏置电压的电路，此时，偏置电压方向为正，R_{b2} 上的压降应小于晶体管基极导通电压，C_b 为偏置分压电阻的旁路电容，对高频短路。

3.3.3　滤波匹配网络

功率放大器采用 LC 并联谐振回路作为负载，一方面起滤波作用，另一方面可进行阻抗匹配，使晶体管得到所需要的最佳负载电阻。因此，LC 并联谐振回路的作用就是滤波和匹配同时存在。故对滤波匹配网络的要求如下：

（1）滤波匹配网络应在所需频带内进行有效阻抗变换，将实际负载电阻 R_L 变换成放大器所要求的最佳负载电阻 R_{popt}，即使放大器工作在临界状态，也能提高输出功率和效率。在丙类谐振功率放大器中，将 R_L 变换成 R_{popt} 来获得最大功率输出的作用，称为阻抗匹配。

（2）滤波匹配网络对谐波应有较强的抑制能力，以便有效地滤除不需要的高次谐波。

（3）将有用信号功率高效率地传送给负载，滤波匹配网络本身的固有损耗要尽可能的小。

3.4　其他类型的功率放大器

3.4.1　丙类倍频器

丙类倍频器是指输出信号的频率比输入信号的频率高整数倍的电子电路，也称倍频率电路或倍频器。

当电路工作频率在几十兆赫兹内时，可以用丙类谐振功率放大器构成丙类倍频器。当工作频率高于 100MHz 时，可以采用变容二极管、阶跃二极管构成参量倍频器。

在丙类谐振功率放大器中，晶体管集电极电流脉冲含有丰富的谐波分量，如果把集电极中的谐振回路调谐在二次谐波或三次谐波上，就会有二次谐波或三次谐波的电压输出，这样可实现采用谐振功率放大器构成二倍频器或三倍频器。

在集电极输出脉冲中，高次谐波的分解系数（振幅）总是比基波的分解系数低得多，所以，倍频器的输出功率和效率都低于基波放大器，且倍频次数越高，分解系数越低，输出的功率、效率也越低。同一晶体管在输出相同功率、作为倍频器时，其管子的损耗要比作为基波输出时的大得多。其中还要考虑输出回路需要滤除高于和低于某次谐波的其余分量，而低于某次谐波的分量特别是基波分量其幅度比有用信号的大得多，滤除是很困难的，因此，倍频次数越高，对输出回路的要求越苛刻，越难实现。另外，当增大倍频次数时，为了得到一定的功率输出，就需要增大输入信号幅度，这样会使得晶体管发射结承受的反向电压增大。所以，一般单级丙类倍频器采用二次或三次倍频，若要提高倍频次数，可采用级联的形式。

为有效抑制低于倍频频率的谐波分量，丙类倍频器输出电路通常采用陷波电路，带有陷波电路的三倍频器如图 3-18 所示，电路为三倍频，输出回路（即 L_3C_3 并联回路）调谐在三次谐波频率上，得到三倍频电压。而串联谐振回路 L_1C_1、L_2C_2 与并联回路 L_3C_3 相并联，分别调谐在基波和二次谐波频率上，从而有效地抑制它们的输出，故 L_1C_1、L_2C_2 回路为串联陷波电路。

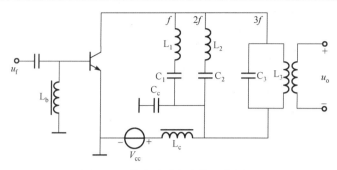

图 3-18　带有陷波电路的三倍频器

在无线电发射机、频率合成器等电子设备中，广泛地运用了倍频器。它的功能是将频率为 f_c 的输入信号变换成频率为 nf_c 的输出信号。采用倍频器的优点：①能降低电子设备的主振频率，提高设备的频率稳定度。因为振荡器的频率越高，频率稳定度越差，一般主振器频率不宜超过 5MHz。因此，当发射机频率高于 5MHz 时，通常采用倍频器。②在通信机主振器工作波段不扩展的条件下，可利用倍频器扩展发射机的工作波段。例如，主振器工作在 1.5～3MHz，采用倍频级，该级在波段开关控制下，既能工作在放大状态，又能工作在二倍频或四倍频状态。这样，随波段开关的改变，发射机输出级就可获得 1.5～3MHz、3～6MHz 和 6～12MHz 三个波段的输出。③在调频和调相发射机中，采用倍频器可加大频移或相移，即可加深调制深度。

3.4.2　丁类谐振功率放大器

丁类谐振功率放大器的原理图及电压、电流波形如图 3-19 所示，VT_1、VT_2 两晶体管同类型且特性相同，两晶体管的激励电压 u_{b1} 和 u_{b2} 大小相等，极性相反，两晶体管的负载是 L、C、R_L 构成的串联谐振回路。

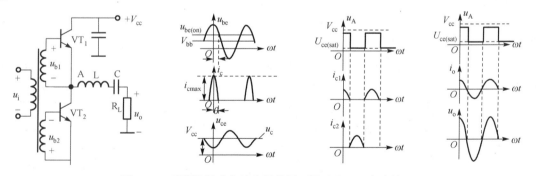

图 3-19　丁类谐振功率放大器的原理图及电压、电流波形

丁类谐振功率放大器通过减小电流导通角 θ 来提高放大器的效率，但为了使输出的电压符合要求，输入的激励电压不能过大，θ 角不能太小，所以，丁类谐振功率放大器限制了功率的提高。

晶体管放大器集电极效率和耗散功率的表达式分别为

$$\eta_c = \frac{P_o}{P_D} = \frac{P_o}{P_o + P_c}$$

$$P_c = \frac{1}{2\pi} \int_{-\theta}^{\theta} i_c u_{ce} \mathrm{d}(\omega t)$$

故 P_c 越小，要求 θ 越小，效率才会越高。

这里，要使晶体管放大器集电极减小 P_c，可采用两种方法。

方法一：减小 P_c 的积分区间 θ，但有局限。

方法二：减小 i_c 与 u_{ce} 的乘积。具体实现方法是，将谐振功率放大器设计成工作在开关状态，即当 i_c 不为 0 时，晶体管压降 u_{ce} 为最小，或接近于 0；而当 $i_c = 0$ 时，晶体管截止，晶体管压降 u_{ce} 不为 0，所以，$i_c u_{ce}$ 接近于 0。此时效率接近 100%，称此类电路为丁类谐振功率放大器电路。

下面来分析丁类谐振功率放大器电路的工作原理。设 u_i 为足够大的正弦波，则两晶体管轮流饱和导通，u_A 的方波波形如图 3-20 所示。

当 VT_1 管饱和导通时，A 点的电位是 $u_A = V_{cc} - U_{ce(sat)}$；当 VT_2 管饱和导通时，A 点的电位是 $u_A = U_{ce(sat)}$，因此 u_A 为方波电压，其幅值为 $V_{cc} - 2U_{ce(sat)}$。

从图 3-20 可看出，u_A 是周期性变化的，根据数学定理可知，u_A 能够用傅里叶级数展开，展开式中的频率分量，只有基波频率对回路起作用；当回路调谐于输入信号频率，且 Q 值足够高时，只有 u_A 中的基波分量能在回路中产生电流 i_o，因此负载 R_L 上得到不失真的输出电压 u_o（$i_o R_L$）。

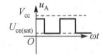

图 3-20　u_A 的方波波形

可见，丁类谐振功率放大器中的两管均工作于开关状态，它们均为半周导通、半周截止。导通时，电流为半个正弦波，但管压降约为零；截止时，管压降很大，电流为零，因此管耗很小，功率放大器效率很高。当串联谐振回路调谐在输入信号频率上，且回路的品质因数足够大时，通过回路的仅是 u_A 分解的基波分量、频率为 ω 的余弦波，此时的输出是由 VT_1、VT_2 轮流导通时的 I_{c1m}、I_{c2m} 叠加而成的。两晶体管轮流导通时，各为半个正弦波，此时管子的压降很小，接近于 0。截止时，管子压降很大，但是电流接近于 0，管子损耗始终最小。

实际情况是，在高频工作状态，由于晶体管的结电容和分布电容的影响，VT_1、VT_2 的开关转换不是瞬间完成的，所以 u_A 存在一定的上升沿和下降沿。此时，管子损耗变大，放大器的效率降低。输入信号的频率越大，损耗越严重。常采用戊类谐振功率放大器（丙类谐振功率放大器后加特殊输出电路），使 u_{ce} 在最小值一段时间内才有集电极电流流过。

丁类谐振功率放大器的问题：高频工作时，由于管子结电容和分布电容的影响，u_A 的波形有一定的上升沿和下降沿，因而产生较大的动态管耗；频率越高，动态管耗在总管耗中的影响越大，致使效率大大下降，因此丁类谐振功率放大器的效率受到管子开关特性的限制。

3.4.3　戊类谐振功率放大器

戊类谐振功率放大器是在丁类谐振功率放大器的基础上改进而成的，让单个晶体三极管工作在开关状态，戊类谐振功率放大器如图 3-21 所示，电路的各个参数在图中都做了标识，戊类谐振功率放大器采用特殊设计的输出回路，以保证 u_{ce} 为最小值的一段时间内才有 i_c 流通。选择合适的网络参数，使负载网络的瞬态响应满足，当晶体管截止时，u_{ce} 上升沿延迟到 $i_c = 0$ 以后才开始；当晶体管饱和时，在 $u_{ce} = 0$ 以后才出现 i_c 脉冲。这样，保证了晶体管上的电流和电压不同时出现，从而提高了效率。

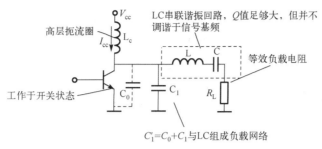

图 3-21 戊类谐振功率放大器

因放大管工作在开关状态,故不能放大调幅信号,只能放大等幅的恒包络信号。

3.4.4 谐振功率放大器的实例

例 3-2 图 3-22 所示为 160MHz 谐振功率放大器电路,试分析该电路的工作原理。

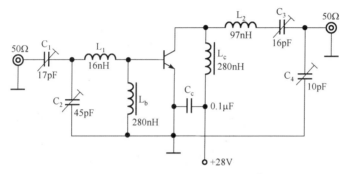

图 3-22 160MHz 谐振功率放大器电路

解:电路的频率为 160MHz,负载为 50Ω,输出功率为 13W,功率增益为 9dB,基极采用自给偏压,集电极采用并馈电路。L_2、C_3 和 C_4 构成 L 型输出匹配网络,调节 C_3 和 C_4 可在工作频率上实现阻抗匹配。功率放大器的输入阻抗很低,且随着放大器工作状态的改变而变化。为了减小其对前级放大器的影响,需要有输入匹配网络。输入匹配网络作用:把低且变化的功率放大器输入阻抗变为前级所需要的、较稳定的高阻抗,并使前级工作于过压区,从而使功率放大器获得较稳定的激励电压。通过增大匹配网络的损耗,可使功率放大器输入阻抗在匹配网络总等效损耗中的比例减小,以减小功率放大器输入阻抗对中间级的影响。

例 3-3 图 3-23 所示为 50MHz 谐振功率放大器电路,试分析该电路的工作原理。

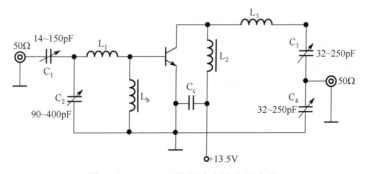

图 3-23 50MHz 谐振功率放大器电路

解：电路的频率为 50MHz，负载为 50Ω，输出功率为 25W，功率增益为 7dB，基极馈电电路和输入匹配网络同例 3-2。集电极采用串馈电路，L_2、L_3、C_3、C_4 构成 π 型输出匹配网络，调节 C_3 和 C_4 可调谐在工作频率上，并实现阻抗匹配。

难 点 释 疑

丙类谐振功率放大器的负载特性，V_{cc}、V_{bb}、U_{im} 对谐振功率放大器工作状态的影响。要理解谐振功率放大器的特性，就要理解双高、双回路、双直流源和一负载。解释一下：双高指的是高功率和高效率；双回路指的是基极回路和集电极回路；双直流源指的是基极的直流电源和集电极的直流电源；一负载指的是集电极的并联谐振电路。

本 章 小 结

高频功率放大器的作用是高效率地输出足够大的信号功率，分为谐振功率放大器和宽带高频功率放大器。谐振功率放大器根据晶体管工作是否进入饱和区，将其分为欠压、临界、过压三种工作状态。丙类谐振功率放大器中的晶体管工作在不饱和区（即欠压状态）时，由于输出电压幅值 U_{cm} 比较小，且 $U_{ce(min)}>U_{ce(sat)}$，晶体管工作时将不会进入饱和区，因此 i_c 的波形为尖顶余弦脉冲。此时放大器的输出功率小，管耗大，效率低。过压状态时输出电压幅值 U_{cm} 过大，使 $U_{ce(min)}<U_{ce(sat)}$，在 $\omega t=0$ 附近晶体管工作在饱和区，i_c 的波形为中间凹陷的余弦脉冲。放大器输出功率较大，管耗小，效率高。丙类谐振功率放大器中的晶体管工作在临界状态时，由于电压幅值 U_{cm} 比较大，晶体管工作在刚好不进入饱和区的临界状态，因此 i_c 的波形为尖顶余弦脉冲，但顶端变化平缓。放大器输出功率大、管耗小、效率高。在功率放大器中，R_P、V_{cc}、U_{im}、V_{bb} 改变，放大器的工作状态也跟随变化。4 个量中分别只改变其中 1 个量，其他 3 个量不变所得到的特性分别为负载特性、集电极调制特性、放大特性和基极调制特性，熟悉这些特性有助于了解谐振功率放大器性能变化的特点，并对谐振功率放大器的调试有指导作用。由负载特性可知，放大器工作在临界状态，输出功率最大，效率比较高，通常将相应的负载阻抗称为谐振功率放大器的最佳负载阻抗，也称匹配负载。谐振功率放大器用作功率放大器时，通常工作于临界状态；用作基极调幅电路时，必须工作于欠压区；用作集电极调幅电路时，必须工作于过压区；另外，谐振功率放大器工作于欠压区时，可用作线性放大电路，工作于过压区时，可用作限幅电路。

谐振功率放大器的集电极直流馈电电路有串馈电路和并馈电路两种形式。基极偏置常采用自给偏压电路。自给偏压电路只能产生反射偏压，自给偏压形式的必要条件是电路中存在非线性导电现象。滤波匹配网络的主要作用是将实际负载阻抗变换成放大器所要求的最佳负载阻抗；其次是有效滤波并把有用信号功率高效率地传送给负载。

思 考 与 练 习

1. 请简述谐振功率放大器电路与小信号谐振放大器电路的区别。
2. 谐振功率放大器原工作于临界状态，若集电极回路稍有失谐，放大器的 I_{c0}、I_{c1m}、P_c

将如何变化？有何危险？

3．某谐振功率放大器工作在过压状态，现欲将它调整到临界状态，应改变哪些参数？不同的调整方法所得到的输出功率是否相同？

4．什么叫作高频功率放大器？它的功用是什么？应对它提出哪些主要要求？为什么谐振功率放大器一般在乙类、丙类状态下工作？为什么通常采用谐振回路作为负载？

5．谐振功率放大器的欠压状态、临界状态、过压状态是如何区分的？各有什么特点？当 R_P、V_{cc}、U_{im}、V_{bb}4 个外界因素只变化其中的 1 个时，谐振功率放大器的工作状态如何变化？

6．试回答下列问题：

（1）利用功率放大器进行振幅调制时，当调制的音频信号加在基极或集电极时，应如何选择功率放大器的工作状态？

（2）利用功率放大器放大振幅调制信号时，应如何选择功率放大器的工作状态？

（3）利用功率放大器放大等幅度的信号时，应如何选择功率放大器的工作状态？

7．当工作频率提高后，谐振功率放大器通常出现增益下降，最大输出功率和集电极效率降低，这是由哪些因素引起的？

8．丙类谐振功率放大器，$V_{cc} = 30V$，测得 $I_{c0} = 100mA$，$U_{cm} = 28V$，$\theta = 70°$，查表得到 $\alpha_0(70°) = 0.253$，$\alpha_1(70°) = 0.436$，求等效电阻 R_P、P_o 和 η_c。

第4章　正弦波振荡器

 内容提要

　　高频正弦波振荡器不存在外加控制输入信号，在外界环境存在的电扰动（如热噪声、瞬时脉冲等）影响下，通过选频网络的选频作用，振荡器通过反馈效应或者负阻效应完成由直流信号能量至交流信号能量的转换。本章主要介绍反馈振荡器的基本原理，并就LC正弦波振荡器的一种典型电路，即三点式振荡器进行详细论述。此外还将详细介绍石英晶体振荡器的基本原理，拓展介绍一些其他类型的振荡器，最后对振荡器的稳定度评价进行介绍。

 学习目标

　　理解与掌握反馈振荡器的基本组成与工作原理。
　　掌握三点式振荡器的组成法则。
　　掌握振荡电路能否正常工作的判断方法。
　　掌握LC正弦波振荡器的电路组成、工作原理和性能参数的计算。
　　理解石英晶体振荡器的电路组成、工作原理和性能参数的计算。

 思政剖析

　　通过本章的学习，应学会利用马克思主义哲学思想看待电信号。
　　（1）利用物质的客观存在性原则去认识正弦波振荡器。
　　客观存在性是所有事物的共同特性。事物是纷繁复杂、千差万别的。物质现象在它们的结构、存在形式、表现方式等方面各不相同，但所有的物质现象都具有共同的属性，即客观存在性。自然界中有丰富多彩的宏观世界，有看得见的有形实体，也有看不见、摸不着的磁场、高频信号等。物质不凭人的主观想法而产生、改变或消失，即不依赖于人的意识而存在，这就是客观存在性。矛盾、运动、质量等都是万事万物的共性，即物质具有诸多共同性。
　　（2）利用马克思主义认识论去看待正弦波振荡器。
　　客观物质世界是可知的。人们不仅能够认识物质世界的现象，而且可以透过现象认识其本质。认识的辩证法，表现在认识和实践的关系上，认识来自实践，又转过来指导实践，为实践服务。人对世界的认识不是一次完成的，而是一个多次反复、无限深化的过程。物质是可以认识的对象。未来，我们会通过现代化技术更详细地感知、学习物质。

4.1　反馈振荡器的工作原理

4.1.1　反馈振荡器的基本原理

传统意义上的反馈振荡器主要由放大器、反馈网络和选频网络三部分组成。在放大、反馈作用的基础下，为了输出确定频率的正弦信号，反馈振荡器必须通过选频网络，在电扰动所存在的丰富频率分量中，选择对应的中心频率产生自激振荡。基于以上思想，得到反馈振荡器的原理组成框图，如图 4-1 所示。

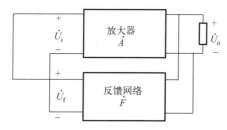

图 4-1　反馈振荡器的原理组成框图

在图 4-1 中，电压放大系数为 $\dot{A}$，反馈网络的电压传输系数为 $\dot{F}$。基于经典的自动控制理论，两者的表达式分别为

$$\dot{A} = \frac{\dot{U}_o}{\dot{U}_i}, \qquad \dot{F} = \frac{\dot{U}_f}{\dot{U}_o} \tag{4-1}$$

系统开环增益 $\dot{T}$ 定义为

$$\dot{T} = \frac{\dot{U}_f}{\dot{U}_i} = \dot{A}\dot{F} \tag{4-2}$$

在电扰动进入回路后，经过选频网络的作用，仅有一定频率范围的信号会通过反馈网络再次进入输入端。随着一次又一次地放大与反馈，输入信号幅值将一步步地增大，并使放大器逐渐进入非线性区，即增益随幅值增大而下降。最后，当反馈电压 $\dot{U}_f$ 与产生输出电压 $\dot{U}_o$ 所对应的输入电压 $\dot{U}_i$ 恰好相等时，此时振荡电路的输出端产生了稳定的、所需频率的正弦输出信号，即电路进入平衡状态。

需要注意的是，上述参数（反馈电压、输入电压、电压放大系数及反馈网络的电压传输系数等）均为用复数表示的相量。读者不仅需要考虑模值，同时需要考虑体现正反馈思想的相位。

4.1.2　反馈振荡器的平衡条件

由前面的分析可知，系统只有在保证 $\dot{U}_i = \dot{U}_f$ 成立的条件下，正弦输出信号才可能以稳定的频率产生。因此，反馈振荡器的平衡条件为

$$\dot{T} = \dot{A}\dot{F} = 1 \tag{4-3}$$

反馈振荡器的平衡条件包括幅值平衡条件、相位平衡条件两部分。

1）幅值平衡条件

$$T=\left|\dot{T}\right|=\left|\dot{A}\dot{F}\right|=1 \qquad (4\text{-}4)$$

式（4-4）说明，开环增益的模$\left|\dot{T}\right|$为 1 时，$\dot{U}_i$与$\dot{U}_f$的大小相等，反馈振荡器满足其平衡条件中的幅值关系。

2）相位平衡条件

$$\varphi_T = \varphi_A + \varphi_F = 2n\pi, \quad n = 0,1,2,\cdots \qquad (4\text{-}5)$$

式中，φ为对应复数的辐角。式（4-5）说明，只有$\dot{A}$与$\dot{F}$的相位和为$2n\pi$（$n = 0,1,2,\cdots$）时，即开环增益仅存在实部时，$\dot{U}_i$与$\dot{U}_f$的相位关系相同，且环路为正反馈。

需要注意的是，为使反馈振荡器处于平衡条件，幅值平衡条件与相位平衡条件必须同时满足。其中，幅值平衡条件可用来确定输出信号的幅值，相位平衡条件可用来确定振荡频率。

振荡器的平衡条件并非自然可以获得的，为了稳定生成所需的振荡信号，需要再考虑两个问题。

（1）振荡器在平衡位置处产生的信号是否稳定？

（2）实际上，在初始条件下同样满足$\dot{U}_i=\dot{U}_f=0$，可认为是一种初始的平衡状态。如何在初始状态下，通过电扰动稳定地起振，并恰好达到可稳定输出正弦信号的平衡位置呢？

为了解决这两个问题，接下来讨论反馈振荡器的稳定条件与起振条件。

4.1.3 反馈振荡器的稳定条件

在振荡器处于平衡位置时，需要开始考虑关于反馈振荡器的稳定输出问题。在一定的外在扰动影响下，系统可以自动稳定保持在平衡点的数学前提，即振荡器的稳定条件。下面分别对幅值稳定条件与相位稳定条件进行分析。

4.1.3.1 幅值稳定条件

若不稳定因素使得系统偏离平衡点而导致振荡振幅减小，则为了使工作点下一时刻回平衡点，系统需要让开环增益$\dot{T}$的模增大进而在下一循环使得反馈电压的模高于该循环的模，从而形成增幅振荡，直至回归平衡点。若不稳定因素使系统偏离平衡点而导致振荡振幅增大，则可进行同样的分析。因此，可得到幅值稳定条件

$$\left.\frac{\partial T}{\partial U_i}\right|_{U_i=U_{iP}} < 0 \qquad (4\text{-}6)$$

即在平衡点P处，开环增益$\dot{T}$相对$\dot{U}_i$模值的变化率小于零。

为更深刻地动态分析该问题，我们换个角度进行分析。根据式（4-1），同时绘制U_i-U_o幅值关系（放大特性关系）曲线及U_f-U_o幅值关系（反馈特性关系）曲线，如图 4-2 所示。U_o与U_i的幅值呈A倍关系（为方便，后续复数模以其符号表示，此处$\left|\dot{A}\right|$以符号A表示），而由于放大器往往具有非线性特性，A实际上为与U_i相关的函数。U_o与U_f的幅值呈$\frac{1}{F}$关系，反馈环节一般呈线性特性，此时$\frac{1}{F}$为常数。

在图 4-2 所示的 P 点处，U_i 与 U_f 的关系可以满足反馈振荡器的平衡条件，被认为是平衡点。当平衡点受外界环境破坏时，若此时输出振幅骤减，在图 4-2 的基础上，可以获得图 4-3 所示的平衡点破坏后的系统动态调整过程。

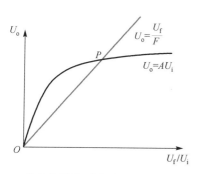

图 4-2 放大特性关系曲线及反馈特性关系曲线

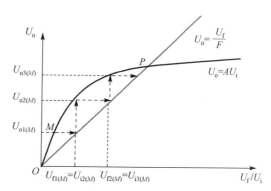

图 4-3 平衡点破坏后的系统动态调整过程

在受到外界环境破坏后的瞬间，系统工作于 M 点，此时对应的输出幅值为 $U_{o1(M)}$。此处并非平衡状态，经过反馈环节后，系统得到此时刻的反馈输出幅值 $U_{f1(M)}$，工作点对应移动。在循环的下一周期，输入为此时的反馈值，即 $U_{f1(M)} = U_{i2(M)}$。在该输入下，经过放大环节后得到 $U_{o2(M)}$，以此类推，系统会在图中箭头的指引下逐渐回归到平衡点 P。同样地，若平衡点受外界环境破坏后输出振幅骤增，该系统也可以回归平衡点 P。

对于上述过程，可以认为系统在环境扰动下是稳定的。用文字表达该振荡系统的稳定条件：在平衡点处，U_i-U_o 幅值关系曲线的斜率应低于 U_f-U_o 幅值关系曲线的斜率，即

$$\frac{\partial U_o}{\partial U_i} = \frac{\partial (AU_i)}{\partial U_i} < \frac{d\left(\dfrac{U_f}{F}\right)}{dU_f} = \frac{dU_o}{dU_f} \tag{4-7}$$

前面已经提过，放大器往往具有非线性特性，A 实际上为与 U_i 相关的函数；反馈环节一般呈线性特性，即 F 为常数，因此进而可得到

$$\frac{\partial A}{\partial U_i} U_i + A < \frac{1}{F} \tag{4-8}$$

由于在平衡点 P 处可认为满足式（4-1），且 U_i 必然大于零，此时可进一步简化得到幅值稳定条件为

$$\left. \frac{\partial A}{\partial U_i} \right|_{U_i = U_{iP}} < 0 \tag{4-9}$$

此时两种幅值稳定条件的分析方法已经概要介绍完毕。对比式（4-6）与式（4-9），由于反馈环节往往呈线性特性，故两者的结论是一致的。

4.1.3.2 相位稳定条件

运用同样的分析思路，来考虑相位偏离平衡点时发生的调整过程。在平衡点处，已经知道 $\varphi_T(f_{oP}) = 0$，即在每一轮经过输出反馈后的反馈电压与原输入电压同相。若某种原因使

$\varphi_T(f_{oP}) > 0$，则每次反馈后的电压的相位都将超前于原输入电压的相位，这种相位的不断超前表明振荡频率将高于 f_{oP}。反之，若某种原因使 $\varphi_T(f_{oP}) < 0$，则表明每次反馈后的电压的相位都将滞后于原输入电压的相位，因而振荡频率将低于 f_{oP}。因此，与幅值稳定条件的分析方法一致，只有 φ_T 具有随 f 增大而减小的特性才能减小扰动产生的变化，并通过持续的反馈，最终回到原平衡点。用公式表示相位稳定条件为

$$\left.\frac{\partial \varphi_T}{\partial f}\right|_{f=f_{oA}} < 0 \tag{4-10}$$

正弦波振荡器的选频网络为 LC 谐振回路，根据 LC 谐振回路的相频特性曲线可知，品质因数越大，相频特性曲线在谐振频率处的变化率的绝对值越大，那么其相位稳定条件也会有一定程度的加强。

4.1.4 反馈振荡器的起振条件

为了使振荡器能在接通直流电源之后，输出电压能从零增大直至平衡输出，需要考虑反馈振荡器的起振条件。为了使输出电压在初始阶段逐渐增大，必须保证反馈电压与输入电压同相，且开环增益的模 T 大于 1，这样才可以保证每一轮循环的反馈电压均高于上一循环的输入电压，使输出幅值可以逐渐增大，即

$$T = |\dot{A}\dot{F}| > 1 \tag{4-11}$$

$$\varphi_T = \varphi_A + \varphi_F = 2n\pi, \quad n = 0,1,2,\cdots \tag{4-12}$$

式（4-11）为幅值起振条件，式（4-12）为相位起振条件。

需要注意的是，在满足反馈振荡器的起振条件之后，开环增益的模 T 还应该与输入电压的模值呈负相关。起振时，T 大于 1 且数值相对较大，输入会较迅速地增大，之后 T 逐渐减小，输入的增长速度减小，直至 T 等于 1 时，系统进入平衡状态，此时系统在相应的平衡点稳定输出振荡信号。

4.2 三点式振荡器

传统意义上的反馈振荡器主要由放大器、选频网络和反馈网络三部分组成。以 LC 谐振回路作为选频网络的反馈振荡器被定义为 LC 正弦波振荡器。LC 正弦波振荡器通常分为两类，即变压器反馈振荡器与三点式振荡器。

变压器反馈振荡器以变压器耦合电路作为反馈网络。以变压器耦合电路作为反馈网络的理论基础在于，电路系统设计者可以依靠变压器的同名端去控制振荡的相位条件，即输入与输出同相。

三点式振荡器以 LC 谐振回路作为反馈网络，此时 LC 谐振回路既作为振荡器的选频网络，也作为反馈网络。三点式振荡器的电路实现有多种，主要包括电感三点式振荡器、电容三点式振荡器及改进型电容三点式振动器。

由于变压器反馈振荡器的结构相对简单且应用场景相对局限，本节主要就三点式振荡器的基本原理及电路的实现展开讨论。

4.2.1　三点式振荡器的基本原理

　　三点式振荡器的命名源于其交流原理电路，如图 4-4 所示。晶体管为该振荡器的放大器，起信号放大的作用。X_1、X_2、X_3 代表 3 个电抗元器件，3 个电抗的两端引出接口均分别与晶体管的电极连接，故称为三点式振荡器。为了保证系统最终完成稳定振荡，电路组成的前提必须满足图 4-4 所示的相位条件，即满足正反馈。

　　在图 4-4 中，$\dot{U}_i$ 为放大器的输入电压，$\dot{U}_o$ 为输出电压，$\dot{U}_f$ 为反馈电压。当 $X_1+X_2+X_3=0$ 时，谐振回路产生谐振，此时从两端看，回路整体为阻性，输入与输出满足图中所示的相位标注。

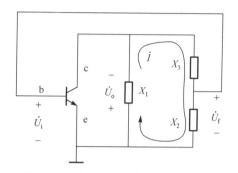

图 4-4　三点式振荡器的交流原理电路

　　为保证反馈电压与输入电压的相位关系确如图 4-4 所示，需要讨论 X_1、X_2、X_3 3 个电抗元器件的性质关系：在并联谐振回路谐振时，谐振回路电流 i 为输入电流的 Q 倍，可以认为谐振回路电流远大于 b 极、c 极、e 极的电流。显然，为了满足图中所示的相位关系，X_1、X_2 必须电抗性质相同，即同为感性电抗或同为容性电抗；而为了满足谐振条件，X_3 必须与 X_1、X_2 的电抗性质相异。换句话说，即与发射极相连接的两个电抗元件必须性质相同，剩下的一个电抗元件与这两个电抗元件性质相异，可记忆为"射同余异"。

　　因此，根据讨论的三点式振荡器的基本原理，将三点式振荡器具体分为两种基本形式：电感三点式振荡器与电容三点式振荡器。其中，电感三点式振荡器即与发射极相连接的两个电抗元件为电感，而电容三点式振荡器即与发射极相连接的两个电抗元件为电容。

4.2.2　电感三点式振荡器

　　电感三点式振荡器也被称为哈特莱（Hartley）振荡器，共射型电感三点式振荡器的原理电路如图 4-5 所示。

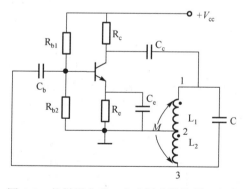

图 4-5　共射型电感三点式振荡器的原理电路

　　在图 4-5 中，R_{b1}、R_{b2} 与 R_e 组成分压式电流反馈偏置电路，R_c 为负载电阻。C_b 与 C_c 为晶体管 b 极与 c 极的耦合电容，C_e 为 e 极旁路电容。L_1、L_2 与 C 共同组成选频网络。为了分析振荡器的振荡信号输出情况，需要进一步讨论其交流通路。在电路结构中，耦合电容、旁路电容的电容数量级往往高于百分之一微法级，属于相对数值较大的电容，在交流通路中的阻抗数值很小，故作"短路"处理。而选频网络中的电容属于数量级居于皮法级的小电容，在交流通路中的阻抗数值较大，与电感共同谐振。基于以上知识，简化的交流通路如图 4-6 所示。

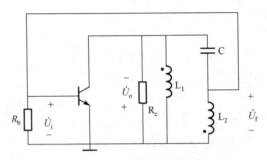

图 4-6　简化的交流通路

在图 4-6 中，R_b 为 R_{b1}、R_{b2} 的并联结果，其承载着输入电压 $\dot{U}_i$。晶体管承担放大作用，R_c 承载经放大、选频后的交流输出电压 $\dot{U}_o$，L_1、L_2 与 C 共同组成选频网络，L_2 承载反馈电压并回馈至晶体管的 b 极。根据已经掌握的知识可以很容易地获得振荡频率

$$f_0 = \frac{1}{2\pi\sqrt{(L_1 + L_2 + 2M)C}} \tag{4-13}$$

式中，M 是 L_1、L_2 之间的互感系数。反馈系数可近似表示为

$$\dot{F} = \frac{\dot{U}_f}{\dot{U}_o} \approx \frac{j\omega(L_2 + M)\dot{I}}{j\omega(L_1 + M)\dot{I}} = \frac{L_2 + M}{L_1 + M} \tag{4-14}$$

关于系统起振，此处不再赘述。若系统未达到起振条件，可对 R_e 进行调节以满足起振条件。

电感三点式振荡器的优势在于其起振条件较容易达成，同时可以通过改变谐振电容较为简便地改变谐振频率。然而在实际应用中，电感三点式振荡器的使用场景并不多：一方面在于两个电感产生的磁场不仅产生互感，也会对电路其他参数造成一定程度的影响；另一方面在于电感无法实现对高次谐波的有效抑制，导致输出信号高次谐波的噪声含量较大，信号波形不完美。

4.2.3　电容三点式振荡器

经典的电容三点式振荡器也称为考比次（Colpitts）振荡器，其分析方法与电感三点式振荡器类似，因此仅给出了共射型电容三点式振荡器原理电路的交流通路，如图 4-7 所示。

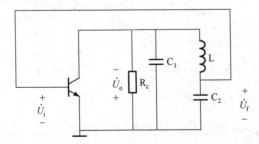

图 4-7　共射型电容三点式振荡器原理电路的交流通路

在图 4-7 中，晶体管承担放大作用，R_c 承载交流输出电压，C_1、C_2 与 L 共同组成选频网络，C_2 电容承载反馈电压并回馈至晶体管的 b 极，即输入端，因此也称为电容反馈三点式振荡器。对应地，振荡频率为

$$f_0 = \frac{1}{2\pi\sqrt{L\dfrac{C_1 C_2}{C_1 + C_2}}} \tag{4-15}$$

反馈系数可近似表示为

$$\dot{F} = \frac{\dot{U}_f}{\dot{U}_o} \approx \frac{C_1}{C_2} \tag{4-16}$$

例 4-1　一种共基型电容三点式振荡器的交流通路如图 4-8 所示。试分析该电路是否满足振荡条件。若满足产生振荡的条件，试求振荡频率。

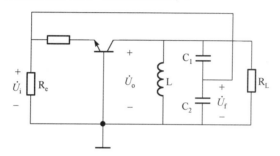

图 4-8　共基型电容三点式振荡器的交流通路

解： 由图 4-8 可知，直流偏置电阻 R_e 上承载着输入电压 $\dot{U}_i$，输出电压 $\dot{U}_o$ 与输入电压 $\dot{U}_i$ 同相。反馈电压 $\dot{U}_f$ 由电容 C_1 与 C_2 分压得到，因此 $\dot{U}_f$ 与输出电压 $\dot{U}_o$ 同相。因此，满足了正反馈的相位平衡条件。也可以利用"射同余异"的三点式振荡器组成原则进行判断：由于连接基极与发射极的器件为电感，而其他两个器件为电容，显然满足了"射同余异"的基本原则，故满足振荡条件。

结合电路参数，可得其振荡频率为

$$f_0 = \frac{1}{2\pi\sqrt{L\dfrac{C_1 C_2}{C_1 + C_2}}}$$

需要指出的是，由于共基型电路在高频区产生的正弦波振荡形式较好，故对于高频振荡器，共基型电路的使用场景相对更多。

电容三点式振荡器可以对输出信号的高次谐波呈现比较小的容抗，反馈信号中的高次谐波分量相对被抑制，故振荡波形会比电感三点式振荡器更好。然而其依然存在一定的劣势，其输出信号频率调节难度较大，频率调节范围比较局限。因此，人们常常通过一些措施进一步改进电容三点式振荡器。

4.2.4　改进型电容三点式振荡器

4.2.4.1　克拉泼振荡器

在实际的电容三点式振荡器电路中，晶体管存在的寄生电容是需要额外考虑的。它们的

容值较小并与选频网络并联，这会使得振荡频率的稳定难以控制。为了减少晶体管极间电容对振荡频率的影响，可采用图 4-9 所示的克拉泼（Clapp）振荡器电路，它是一种改进型的电容三点式振荡器。克拉泼振荡器的改进方法十分简单，即在 LC 谐振回路中串联一个小电容。

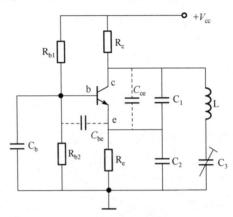

图 4-9　克拉泼振荡器电路

在图 4-9 中，C_{be} 与 C_{ce} 分别为晶体管 b、e 极与 c、e 极之间的极间电容，它们与 C_1、C_2 并联在一起。C_3 即串联小电容，其取值远小于 C_1、C_2。故谐振回路的总电容为

$$C = \cfrac{1}{\cfrac{1}{C_1 + C_{ce}} + \cfrac{1}{C_2 + C_{be}} + \cfrac{1}{C_3}} \approx C_3 \qquad (4\text{-}17)$$

故由于串联小电容 C_3 的存在，振荡频率可近似为

$$f_0 = \frac{1}{2\pi\sqrt{LC}} \approx \frac{1}{2\pi\sqrt{LC_3}} \qquad (4\text{-}18)$$

串联小电容 C_3 的引入，尽管使得振荡频率的稳定度得到了大大提高，但依然留存一定的问题。一方面，由于 C_3 的取值远小于 C_1、C_2 的值，振荡频率必然处于更高的高频带；另一方面，由于 C_3 的值过小会导致系统不满足起振条件，这也间接导致系统通过 C_3 的可调频率范围也比较窄。

对于克拉泼振荡器，晶体管与谐振回路的耦合较弱，晶体管寄生电容影响小，频率稳定度高。另外，其频率调节范围窄，调节频率时幅度会产生变化。

4.2.4.2　西勒振荡器

为了进一步解决克拉泼振荡器电路存在的问题，在其结构基础上，在电感线圈 L 上再次并联一个可变电容，这称为西勒（Seiler）振荡器，其交流通路如图 4-10 所示。

在图 4-10 中，C_4 为可调电容。C_4 的引入可以使系统输出信号的可调频率范围变大。此时振荡频率为

$$f_0 \approx \frac{1}{2\pi\sqrt{L(C_3 + C_4)}} \qquad (4\text{-}19)$$

一般 C_4 值的数量级与 C_3 值的相同，且都远小于 C_1、C_2 的值。在特殊情况下，若调节 C_4 的容抗趋于 0，西勒振荡器即转化为克拉泼振荡器。

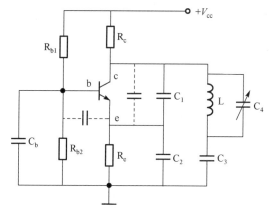

图 4-10　西勒振荡器的交流通路

西勒振荡器属于一种比较经典的振荡器结构，其输出信号波形比较稳定，频率稳定度比较高，调节范围比较广，幅度稳定，输出波形好，相对更适于用作高频信号振荡器。

例 4-2　图 4-11 所示为一种三谐振回路振荡器的交流通路，设回路的谐振频率分别为 f_{01}、f_{02} 和 f_{03}。试分析在电路参数满足下述关系的情况下，该电路能否振荡？若能振荡，属于哪种类型的振荡器？比较其振荡频率 f_0 与 f_{01}、f_{02}、f_{03} 的大小。

（1）$L_1C_1 > L_2C_2 > L_3C_3$；

（2）$L_1C_1 = L_2C_2 < L_3C_3$；

（3）$L_2C_2 > L_3C_3 > L_1C_1$。

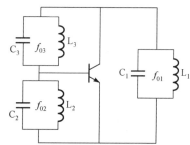

解：（1）能振荡，属于电容三点式振荡器。因为 $L_1C_1 > L_2C_2 > L_3C_3$，故 $f_{01} < f_{02} < f_{03}$。当 $f_{01} < f_{02} < f_0 < f_{03}$ 时，L_1C_1 回路、L_2C_2 回路都呈容性，L_3C_3 回路呈感性，满足"射同余异"的原则。因此，电路能振荡。

图 4-11　一种三谐振回路振荡器的交流通路

为了更直观地表示，也可画出三个 LC 回路的相频特性曲线，如图 4-12 所示。由图 4-12 可以看出，仅当 $f_{01} < f_{02} < f_0 < f_{03}$ 时，L_1C_1 回路、L_2C_2 回路都呈容性，L_3C_3 回路呈感性，遵循"射同余异"的原则，此时为电容三点式振荡器。

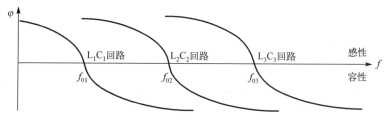

图 4-12　三个 LC 回路的相频特性曲线（1）

（2）能振荡，属于电感三点式振荡器。因为 $L_1C_1 = L_2C_2 < L_3C_3$，则 $f_{01} = f_{02} > f_{03}$，当 $f_{01} = f_{02} > f_0 > f_{03}$ 时，L_1C_1 回路、L_2C_2 回路都呈感性，L_3C_3 回路呈容性，因此，电路能振荡。

同样画出三个 LC 回路的相频特性曲线，如图 4-13 所示。由图 4-13 可以看出，仅当 $f_{01} = f_{02} > f_0 > f_{03}$ 时，L_1C_1 回路、L_2C_2 回路都呈感性，L_3C_3 回路呈容性，遵循"射同余异"的原则，此时为电感三点式振荡器。

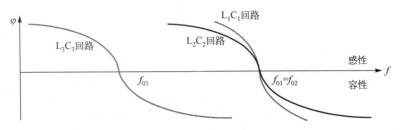

图 4-13 三个 LC 回路的相频特性曲线（2）

（3）不能振荡。请读者自行分析。

4.3 石英晶体振荡器

区别于 LC 正弦波振荡器，用石英晶体谐振器替代 LC 谐振回路作为选频网络的反馈振荡器称为石英晶体振荡器。石英晶体谐振器具有极大的品质因数和很高的标准性，其输出正弦波频率的稳定度相当高，因此石英晶体振荡器被广泛用于电子系统的频率源，在卫星导航、航空电子等多种通信领域应用广泛。

4.3.1 石英晶片及其压电效应

石英是一种各向异性的结晶体，其化学成分为二氧化硅（SiO_2）。在一个石英晶体中，按一定的方位角切下的薄片即石英晶片。通过特定加工方式，在石英晶片的对应表面上，涂抹银层后作为电极，并安装一对金属块密封作为极板，便构成了石英晶体谐振器。

石英晶体谐振器之所以可用于实际振荡电路作为选频网络，归功于其特有的石英压电效应。当加工过的石英晶片外加一个交变电压时，晶片会产生机械形变；当在极板间施加机械力时，晶片内会产生交变电场。利用该压电效应，当极板外加交变电压时，会产生有周期特征的机械振动；此机械振动又会反过来在两极板处产生交变电荷，产生交变电场。

当外加交变电压的频率和晶片的固有机械振动频率相等时，便会产生共振现象。此时，机械振动的振幅急剧增加，晶片两端产生的交变电场能量也变大，这种现象被称为晶片达到了压片谐振，晶片的固有机械振动频率也即谐振频率。由于晶片的固有机械振动频率与其结构相关，因此具有相当高的稳定性。

4.3.2 石英晶体谐振器

石英晶体谐振器的电路符号如图 4-14（a）所示，其等效电路如图 4-14（b）所示。

在图 4-14（b）中，C_0 为石英晶体两极板间的静态电容，又称为支架电容。C_{qn}、L_{qn} 与 R_{qn}（其中 $n = 1,3,5,\cdots$）分别是晶体的等效电容、等效电感与等效电阻。其中 C_{qn} 的容抗很小，远低于 C_0，R_{qn} 的阻抗很小甚至可忽略，L_{qn} 数值相对较大，故石英晶体谐振器的品质因数很高，性能稳定，有比较高的回路标准性。

由于其特定的等效电路结构，在外加交变电压的影响下，存在多个串联 LC 谐振回路可计算不同的串联谐振频率。其中 C_{q1}、L_{q1} 与 R_{q1} 所对应的机械振动被称为基音，其余等效电容、等效电感与等效电阻对应的机械振动称为泛音，首先对图 4-15 所示的忽略泛音频率的基频等效电路进行分析。

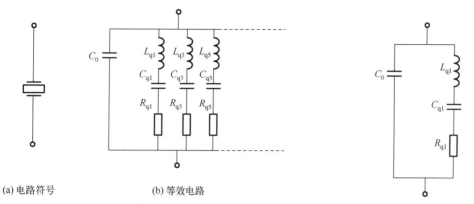

(a) 电路符号　　　　　　　(b) 等效电路

图 4-14　石英晶体谐振器的电路符号与等效电路　　图 4-15　忽略泛音频率的基频等效电路

该等效电路具有两个谐振频率，分别为 C_{q1}、L_{q1} 与 R_{q1} 串联支路的串联谐振频率 f_S 及 C_{q1}、L_{q1}、R_{q1} 与 C_0 的并联谐振频率 f_P，分别用下列表达式表示为

$$f_S = \frac{1}{2\pi\sqrt{L_{q1}C_{q1}}} \tag{4-20}$$

$$f_P = \frac{1}{2\pi\sqrt{L_{q1}\dfrac{C_0 C_{q1}}{C_0 + C_{q1}}}} = f_S\sqrt{1 + \frac{C_{q1}}{C_0}} \tag{4-21}$$

由于等效电容远远小于静态电容 C_0，故 f_S 与 f_P 的值很接近。现结合其等效电路，对石英晶体谐振器的总电抗进行计算

$$jX = \frac{j[\omega L_{q1} - 1/(\omega C_{q1})])j\omega L_{q1}}{j[\omega L_{q1} - 1/(\omega C_{q1}) - 1/(\omega C_0)]} = \frac{1}{j\omega C_0}\frac{1 - \omega_S^2/\omega^2}{1 - \omega_P^2/\omega^2} \tag{4-22}$$

故

$$X = -\frac{1}{\omega C_0}\frac{1 - \omega_S^2/\omega^2}{1 - \omega_P^2/\omega^2} \tag{4-23}$$

石英晶体谐振器的阻抗频率特性曲线如图 4-16 所示。

如图 4-16 所示，石英晶体谐振器仅仅在 f_S 与 f_P 之间的极窄频率范围内呈现感性，且感抗曲线很陡，故当工作于该区域时，具有很强的稳频作用。

以上为对忽略泛音频率的基频等效电路进行的详细分析，若对其他泛音频率等效电路进行考虑，分析方法类似。

另外，用石英晶体构成的正弦波振荡器的基本电路在一般意义上分两类，分别是并联型石英晶体振荡器和串联型石英晶体振荡器。

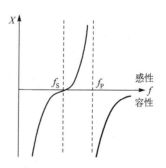

图 4-16　石英晶体谐振器的阻抗频率特性曲线

4.3.2.1　并联型石英晶体振荡器

作为高品质因数电感元件，若用石英晶体谐振器去替代 LC 谐振回路中的电感，与其他元件并联构成振荡器的并联谐振回路并产生谐振，则该电路即并联型石英晶体振荡器。图 4-17 所示为一种简单的并联型石英晶体振荡器的交流等效电路。

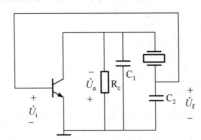

图 4-17　一种简单的并联型石英晶体振荡器的交流等效电路

为了满足"射同余异"的振荡器基本原则，石英晶体谐振器必须呈感性。根据石英晶体谐振器的阻抗频率特性曲线可知，必须满足谐振频率 $f_S<f_o<f_P$ 。而 f_S 与 f_P 的值尤其接近，因此谐振频率的输出稳定性很高。

需要特别注意的是，在实际生产中，石英晶体谐振器是对振荡频率（由于串、并联谐振频率 f_S、 f_P 及振荡频率 f_o 的值极其接近，故不做区分）配有标称标注值的，同时也对回路负载总电容 $[C = C_1C_2/(C_1+C_2)]$ 有标称标注要求。因此，若标注值为 8MHz，可以认为基音频率为 8MHz，三次泛音为 24MHz，五次泛音为 40MHz。

基于以上知识基础，可利用泛音频率构建图 4-18 所示的并联型泛音石英晶体振荡器的交流等效电路。

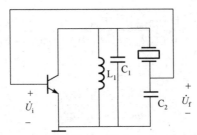

图 4-18　并联型泛音石英晶体振荡器的交流等效电路

为了满足"射同余异"的振荡器基本原则，L_1C_1 回路必须呈现容性，石英晶体谐振器呈感性。综合绘制图 4-19 所示的 L_1C_1 回路的阻抗频率特性曲线。

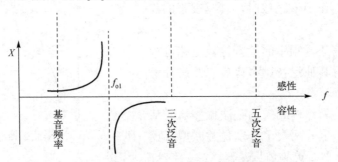

图 4-19　L_1C_1 回路的阻抗频率特性曲线

图中，f_{o1} 为 L_1C_1 回路的谐振频率，当环路频率大于 f_{o1} 时，呈容性，且阻抗值越来越小。因此，要想系统稳定振荡，需要满足两个条件：

（1）频率需高于 f_{o1}。

（2）频率对应基音或者泛音。

因此从图 4-19 所示的 L_1C_1 回路的阻抗频率特性曲线中，显然可以看出，系统将最终工作于三次泛音频率上，在该三次泛音频率上构成电容三点式并联型泛音石英晶体振荡器。

不妨进一步思考，若改变 L_1C_1 回路的参数，则改变后的 L_1C_1 回路的阻抗频率特性曲线如图 4-20 所示。

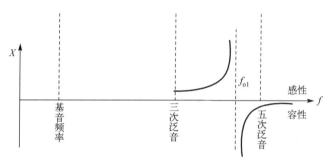

图 4-20　参数改变后的 L_1C_1 回路的阻抗频率特性曲线

根据图 4-20 中的阻抗关系，此时系统将最终工作于五次泛音频率上。需要说明的是，至于五次及更高次的泛音，由于此时等效电容较大可能会影响到起振条件，因此更多地在实际工作中会考虑三次泛音。

4.3.2.2　串联型石英晶体振荡器

利用石英晶体谐振器串联在三点式振荡器的反馈线上作为高选择性短路元件，是串联型石英晶体振荡器的基本特征。

由于本章已经多次给出了共射型振荡器的交流通路，所以此处仅给出两种同样的共基型串联型石英晶体振荡器交流通路的常用电路布局形式，如图 4-21 所示。

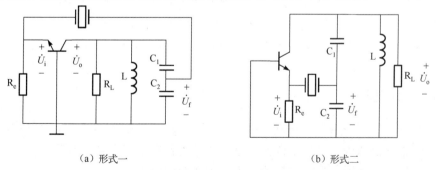

（a）形式一　　　　　　　　　　　　　　（b）形式二

图 4-21　共基型串联型石英晶体振荡器交流通路的常用电路布局形式

根据石英晶体谐振器的阻抗频率特性曲线可知，只有串联谐振频率 f_S 与反馈信号的频率相同时，石英晶体谐振器才呈阻性且阻抗极小，此时系统满足振荡条件可持续输出振荡信号。

由此可见，受到石英晶体谐振器的串联谐振频率 f_S 的间接控制，系统的振荡频率具有很高的频率稳定性。

对于每一个电子设备、每一个独立运用的计算机单片机，都需要石英晶体振荡器提供时钟信号，若石英晶体振荡器失效则设备无法继续工作。

在军事方面，当前石英晶体振荡器已被广泛用于国家军事和航空航天领域，如导航系统、电子信息战等。在航空电子设备中，机载计算机、惯性导航系统、通信、电源模块等均无法离开石英晶体振荡器。在民用方面，当前世界各国都在大力发展 5G 网络建设，5G 技术将渗透至各个角落，并催生一系列应用场景。而作为基础电子元件的石英晶体振荡器，将会广泛适用于各种应用场景的新设备链接；作为物联网的上游行业，物联网时代新增的各种设备也都将会带来对基础电子元件石英晶体振荡器需求的扩大。

4.4　其他振荡器

在前面几节中，主要学习了以 LC 谐振回路为选频网络的 LC 正弦波振荡器，重点学习了三点式振荡器及其改进型振荡器。基于以上理论基础，又学习了并联型石英晶体振荡器与串联型石英晶体振荡器。

实际上，振荡器还有其他形式，如 RC 振荡器及负阻振荡器等，在本节中将对它们进行简要介绍。

4.4.1　RC 振荡器

在通常情况下，LC 正弦波振荡器与石英晶体振荡器主要用于输出振荡频率较高的场合，而在需求频率相对较低的场合常采用 RC 振荡器，一般用于产生 1Hz～1MHz 的低频信号。RC 振荡器的振荡原理同三点式振荡器类似，基本均需要使电路满足相位稳定条件和幅值稳定条件。

RC 振荡电路由放大电路、选频网络、正反馈网络、稳幅环节四部分构成。根据选频网络的不同形式，通常可以将 RC 振荡电路分为 RC 移相（超前移相、滞后移相）振荡电路和文氏（桥式）振荡电路。

RC 移相振荡电路的结构相对简单，成本低，但输出波形差、选频特性不佳、不易调节频率，因此主要应用在频率要求固定、输出稳定度要求不高的实际应用中。

文氏（桥式）振荡电路相对应用广泛，一般将放大器的输入端与输出端各自连接电桥的双对角线，即桥式振荡电路。文氏（桥式）振荡电路相比 RC 移相振荡电路更容易起振且输出波形好，对输出频率的调节也方便。

4.4.2　负阻振荡器

负阻振荡器一般可应用于 100MHz 以上的超高频段，甚至可高至几十吉赫兹。相比于其他振荡器，负阻振荡器引入了负阻器件，这也是其可作用于超高频的原因之一。一般如耿氏器件、雪崩晶体管、隧道二极管等均能作为基本的负阻器件。

具有负阻效应的电子元器件被称为负阻器件，主要分为电压控制负阻器件与电流控制负阻器件。在图 4-22 所示的负阻器件的伏安特性曲线中，若对应的电压、电流约束关系方程曲线某一段的无限延长线有通过第二、四象限的趋势，那么负阻器件在这段曲线中所呈现的效应即负阻效应。

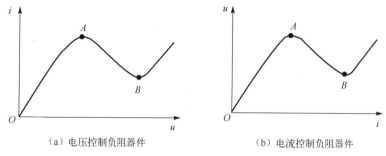

（a）电压控制负阻器件　　　　　　　（b）电流控制负阻器件

图 4-22　负阻器件的伏安特性曲线

由图 4-22 可知，伏安特性曲线的 $A—B$ 段曲线的无限延长线有通过第二、四象限的趋势，换句话说，此时的增量电阻为负值。因此，该段曲线对应的负阻器件呈现负阻效应。其中，对于图 4-22（a），任意一个电压值仅对应一个电流值，而同一个电流值却可对应多个电压值，因此通过其电压值可确定唯一的工作点，这被称为电压控制负阻器件；同样地，图 4-22（b）所示的伏安特性曲线对应的负阻器件为电流控制负阻器件。

基于负阻效应，对于电压控制负阻器件，在交流电压作用下，系统可以从直流电源获得直流能量的一部分转换为交流电能，并传送给外电路。这给了负阻器件可以构成振荡器的可能性：当负阻器件作用于电路时，其所呈现的等效负阻与 LC 谐振回路的等效损耗电阻可互相抵消，负阻器件所提供的交流电能恰好弥补回路能耗，电路即可稳定振荡，输出稳定正弦信号。

基于以上思路，给出负阻振荡器的交流等效通路，如图 4-23 所示。

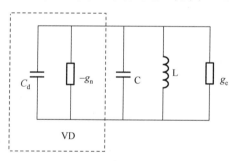

图 4-23　负阻振荡器的交流等效通路

在图 4-23 中，VD 即隧道二极管负阻器件，其为电压控制负阻器件。其交流等效电路由极间电容 C_d 与等效负电导 $-g_n$ 替代，L 与 C 组成谐振回路，g_e 主要包括 LC 谐振回路固有谐振电导与负载电导两部分。当 g_n 与 g_e 的值相等时，电导可互相抵消，负阻器件所提供的交流电能恰好弥补回路能耗，便产生了稳定的正弦波。此时谐振频率为

$$f_0 = \frac{1}{2\pi\sqrt{L(C + C_d)}} \tag{4-24}$$

需要注意的是，在起振阶段，负阻器件提供给谐振回路的交流能量必须大于回路能耗，这样才能逐渐增幅，满足起振条件。因此，g_n 的值需要大于 g_e。

在满足起振条件后，随着输出电压的幅值逐渐增大，负阻器件的工作状态由线性状态进入非线性状态，负阻器件的等效电导值 g_n 逐渐减小，当 g_n 减小到与 g_e 相等时，系统进入振荡平衡状态。

4.5　振荡器的频率稳定度和振幅稳定度

在对各种振荡器的介绍过程中，振荡器从起振状态达到平衡状态后，输出正弦信号的稳定性一直是一项非常受关注的指标点。本节对振荡器输出信号的频率稳定度和振幅稳定度两项性能指标进行介绍。

4.5.1　频率稳定度

频率稳定度指在一定的时间内，在规定的外界各种环境（包括温度、机械振动、磁场、电源电压等）变化下，振荡频率的绝对偏差与标称输出频率的比值。根据规定时间的长短，频率稳定度一般分为瞬时（一般以秒或毫秒计）频率稳定度、短期（一般指一天内）频率稳定度与长期（一般以多天或多月计）频率稳定度。

若振荡器的标称输出信号频率为 f_0，实际输出信号频率为 f，则当前的输出信号频率绝对偏差 Δf 为

$$\Delta f = f - f_0 \tag{4-25}$$

故频率稳定度为

$$\frac{\Delta f}{f_0} = \frac{f - f_0}{f_0} \tag{4-26}$$

式中，Δf 是在一定的时间 Δt 内测量的结果，一般需反复多次测量并取测量结果绝对值的最大值。Δf 的绝对值越小，系统的频率稳定度越高。

系统的频率稳定度取决于振荡电路内的谐振回路对外界环境的敏感度，因此可从两方面入手以提高频率稳定度。

（1）尽量减少系统所在外界环境的变化。

在实际生产中，可通过恒温环境、金属屏蔽罩、直流稳压电源、减震器的设置等，来减少温度、外界磁场、电源电压、机械振动等的变化。

（2）提高谐振回路的标准性。

谐振回路的标准性是指在外界环境变化的情况下，谐振回路保持其振荡频率不变的能力。标准性的提高会使频率稳定度也增强。为了提高谐振回路的标准性，可采用以下措施。

（1）选用高质量的、参数稳定的回路电感器和电容器。

（2）选用具有不同温度系数的电感和电容构成谐振回路。温度变化会使电感与电容受稳定影响的变化相互抵消，从而使回路振荡频率的变化减小。

（3）改进安装工艺，缩短引线、加强引线机械强度，如此可减小分布电容、电感及其变化量。

需要注意的是，振荡器频率稳定度并非越高越好，频率稳定度的提高势必会使生产运行成本提高。可结合实际应用场景对频率稳定度的需要进行选择，一般中波广播电台发射机的频率稳定度为 10^{-5} 数量级；电视发射机的频率稳定度为 10^{-7} 数量级。

4.5.2　振幅稳定度

为了评价系统的稳幅性能，引入了振幅稳定度这一指标。振幅稳定度的定义方式与频率

稳定度的定义方式几乎一致，同样为相对比值，无单位。

参照频率稳定度的定义方式，振幅稳定度为

$$\frac{\Delta U}{U_0} = \frac{U - U_0}{U_0} \tag{4-27}$$

式中，U_0 为标称输出信号幅值；U 为实际输出信号最大幅值；ΔU 为输出信号幅值的绝对偏差。

提高振幅稳定度的方法同样很多，包括内稳幅、外稳幅、采用直流稳压电源、减小负载与振荡器的耦合等方法。

难 点 释 疑

本章的难点大概分为如下两个。

（1）三点式振荡器。传统意义上的反馈振荡器主要由放大器、反馈网络和选频网络三部分组成。而对于三点式振荡器，LC 谐振回路既作为选频网络，也作为反馈网络。为了实现选频后反馈电压的正反馈，"射同余异"的原则是实现选频与分压电压反馈的必要条件。

（2）石英晶体振荡器。为生产出具有更高频率稳定度的正弦波振荡器，采用石英晶体谐振器替代 LC 谐振回路作为选频网络构成石英晶体振荡器是一种可行的方案。基于石英晶体谐振器的阻抗频率特性，根据石英晶体谐振器在系统中的使用方法，可以把石英晶体振荡器分为两种：石英晶体若适用于谐振回路并代替电感，则为并联型；石英晶体若出现在反馈线上，则为串联型。但无论哪种类型，三点式振荡器的工作原理都是重要的知识基础。

本 章 小 结

反馈振荡器主要由放大器、反馈网络和选频网络三部分组成。它的相位平衡条件为 $\varphi_T = \varphi_A + \varphi_F = 2n\pi (n = 0,1,2,\cdots)$，可以利用相位平衡条件确定振荡频率；幅值平衡条件为 $T = |\dot{T}| = |\dot{A}\dot{F}| = 1$，利用幅值平衡条件可确定振荡幅度。而振荡器的起振条件为 $T = |\dot{A}\dot{F}| > 1$ 且 $\varphi_T = \varphi_A + \varphi_F = 2\pi n \ (n = 0,1,2,\cdots)$。在实际使用环境下，振荡器还必须具有稳定条件，即在平衡点 P 处，开环增益 $\dot{T}$ 相对 $\dot{U}_i$ 模值的变化率小于零，且 φ_T 具有随 f 增大而减小的特性。

LC 正弦波振荡器通常分为两类，即变压器反馈振荡器与三点式振荡器。变压器反馈振荡器以变压器耦合电路作为反馈网络。而三点式振荡器以 LC 谐振回路作为反馈网络，此时 LC 谐振回路既作为振荡器的选频网络，也作为反馈网络。三点式振荡器的电路实现有多种，包括电感三点式振荡器、电容三点式振荡器及改进型电容三点式振荡器，其振荡频率近似等于 LC 谐振回路的谐振频率，相位稳定条件由 LC 谐振回路提供。为了提高振荡器的频率稳定度，产生了克拉波振荡器与西勒振荡器两种改进型电容三点式振荡器，它们减弱了晶体管与回路之间的耦合，使晶体管对回路的影响减小。

区别于 LC 正弦波振荡器，用石英晶体谐振器替代 LC 谐振回路作为选频网络的反馈振荡器被称为石英晶体振荡器，其振荡频率的准确性和稳定性很高。石英晶体振荡器有并联型和串联型两种。在并联型石英晶体振荡器中，石英晶体的作用相当于一个电感；而利用石英晶体谐振器串联在三点式振荡器的反馈线上作为高选择性短路元件，是串联型石英晶体振荡器的基本特征。另外，为了提高石英晶体振荡器的振荡频率，可采用泛音晶体振荡器。

频率稳定度和振幅稳定度是振荡器的两个重要的性能指标，而频率稳定度尤为重要。频率稳定度是指在规定时间内，由于外界条件的变化引起振荡器实际工作频率偏离标称频率的程度。一般所说的频率稳定度是指短期频率稳定度。LC谐振回路的频率主要决定于LC回路参数，同时与晶体管的参数也有关，因此，稳定频率的主要措施是尽量减少系统所在外界环境的变化，努力提高谐振回路的标准性。

思考与练习

1．下列正弦波振荡器类型中，哪一种频率稳定度最高（　　　）。
　　A．克拉泼振荡器　　　　　　　　　　B．西勒振荡器
　　C．石英晶体振荡器　　　　　　　　　D．普通LC正弦波振荡器
2．对于并联型石英晶体振荡器，石英晶体在电路中起（　　　）元件的作用。
　　A．热敏电阻　　　　　　B．电容　　　　　C．电感　　　　　D．短路
3．对于串联型石英晶体振荡器，石英晶体在电路中起（　　　）元件的作用。
　　A．热敏电阻　　　　　　B．电容　　　　　C．电感　　　　　D．短路
4．改进型电容三点式振荡器的主要优点是（　　　）。
　　A．容易起振　　　　　B．振幅稳定　　　C．频率稳定度较高　　D．减小谐波分量
5．三点式振荡器的类型有（　　　）反馈型和（　　　）反馈型。
6．石英晶体振荡器是基于石英晶片的（　　　）效应工作的，其频率稳定度很高，通常可分为（　　　）和（　　　）两种类型。
7．晶体管正弦波振荡器产生自激振荡的相位条件是（　　　），幅值条件是（　　　）。
8．简述三点式振荡器的组成原则。
9．石英晶体谐振器与普通LC谐振回路相比较，其优点是什么？
10．简述振荡电路的平衡条件。
11．图4-11所示为一种三谐振回路振荡器的交流通路，设电路参数之间有以下四种情况：
（1）$L_1C_1>L_2C_2>L_3C_3$；
（2）$L_1C_1<L_2C_2<L_3C_3$；
（3）$L_1C_1 = L_2C_2>L_3C_3$；
（4）$L_1C_1<L_2C_2 = L_3C_3$。

试分析上述四种情况是否都能振荡，如果能振荡，振荡频率与各回路的固有谐振频率有何关系？并指出谐振类型。

12．石英晶体振荡器：
（1）试画出石英晶体谐振器的电路符号、等效电路及阻抗频率特性曲线，并说明它在$f<f_s$、$f=f_s$、$f_s<f<f_p$、$f>f_p$时的电抗性质。
（2）说明石英晶片之所以能做成谐振器是因为它具有什么特性？
（3）常用的石英晶体振荡器电路有几种，分别为什么？
13．振荡器电路如图4-24所示，要求：
（1）画出振荡器的交流通路。

（2）指出该振荡器类型。

（3）计算电路的振荡频率。

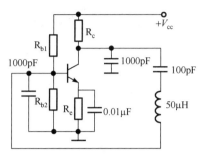

图 4-24　振荡器电路

14．三点式振荡器的定义是什么？其电路组成有什么特点？

15．试讨论电容三点式振荡器与电感三点式振荡器各自的优劣势。

16．石英晶体振荡器有哪几种类型？石英晶体在不同电路中所充当的角色是什么？

17．试总结振荡器的起振条件、平衡条件与稳定条件。

第5章 振幅调制与解调及混频电路

 内容提要

调制、解调及混频电路是通信设备中的重要组成部分，在其他电子设备中也广泛应用。调制方式可以分为两类：振幅调制、角度调制；解调是调制的逆过程；混频电路是实现载波频率变换的电路。调制、解调及混频电路都能实现信号频率的转换，即频谱变换。调制将低频变换成高频，解调将高频变换回低频，混频电路将高频变换成中频。频谱变换分为线性变换和非线性变换，线性频谱变换又称频谱搬移，振幅调制、解调和混频电路属于线性频谱变换。角度调制、解调属于非线性频谱变换。

 学习目标

掌握振幅调制的定义、数学表达式、频谱图。

掌握振幅调制的载波与边带（频）分量的功率关系及计算。

熟悉二极管环形调幅电路和双差分对模拟相乘器调幅电路等低电平调幅电路。

了解基极调幅电路、集电极调幅电路等高电平调幅电路。

掌握二极管包络检波器的工作原理与电路。

了解适应双边带调幅信号、单边带调幅信号解调的同步检波电路。

掌握混频器工作的基本原理。

掌握三极管混频电路、二极管环形混频器电路、双差分对混频器电路等。

了解混频器组合频率干扰、交叉调制干扰等原理及其抑制措施。

 思政剖析

振幅调制、解调及混频电路都是借助载波搬移实现的。学校作为我们人生中的"载波"，拥有图书资源、教师资源、实验室资源和学生资源，让我们的人文素养、专业知识、技能素养、团队协作能力等众多方面全方位得到提高，让我们在原来的基础上不断提升自我、发展自我、丰富自我的同时，反馈社会，共同进步。

5.1 振幅调制的基本原理

振幅调制是指用调制信号来改变载波的振幅，使振幅随调制信号呈线性变化，简称调幅。在整个调幅过程中，只有载波的振幅随调制信号规律性变化，载波的频率保持不变，也就是说，高频信号通过这种调制方式将低频调制信号变成高频已调信号。

调幅方式分为三种：普通调幅（AM）、抑制载波的双边带（DSB）调幅和抑制载波的单边带（SSB）调幅。其中最基本的是普通调幅，其他的调幅方式是在普通调幅的基础上对信号进行处理得到的。

5.1.1　普通调幅信号

5.1.1.1　普通调幅表达式

要把低频调制信号变成高频，需要借助一个高频信号作为载体来实现，这个信号称为高频载波信号。

在通常情况下，设载波信号 $u_c(t)$ 的表达式是

$$u_c(t) = U_{cm}\cos(\omega_c t) = U_{cm}\cos(2\pi f_c t) \tag{5-1}$$

式中，U_{cm} 为载波的振幅；ω_c 为载波信号的角频率，f_c 为载波信号的频率，两者之间的关系为 $\omega_c = 2\pi f_c$；$\omega_c t$ 为载波的相位。振幅、频率、相位是载波信号的三要素。

用于调制的低频信号为调制信号 $u_\Omega(t)$，根据调幅的定义，调制信号控制载波信号的振幅，使载波的振幅由 U_{cm} 变换成 $U_m(t)$。

普通调幅波的幅值表示为

$$U_m(t) = U_{cm} + k_a u_\Omega(t) \tag{5-2}$$

可见，普通调幅波的振幅与调制信号成正比关系，k_a 为调幅的线性系数，其数值由调制电路决定。

调制之后的信号为普通调幅波，用 $u_{AM}(t)$ 表示

$$u_{AM}(t) = U_m(t)\cos(\omega_c t) = [U_{cm} + k_a u_\Omega(t)]\cos(\omega_c t) \tag{5-3}$$

普通调幅波输出可以通过相乘器来实现调幅。

5.1.1.2　普通调幅的单频调制

1. 普通调幅单频调制表达式

由于低频调制信号变化比较复杂，为了更好地分析调幅过程、原理，现将复杂的调制信号用单一频率的余弦信号来表示。设 $u_\Omega(t) = U_{\Omega m}\cos(\Omega t) = U_{\Omega m}\cos(2\pi F t)$，$\Omega$ 为调制信号的角频率，F 为调制信号的频率，两者之间的关系为 $\Omega = 2\pi F$，通常 $F \ll f_c$，代入式（5-3）可得

$$\begin{aligned}u_{AM}(t) &= [U_{cm} + k_a u_\Omega(t)]\cos(\omega_c t) = [U_{cm} + k_a U_{\Omega m}\cos(\Omega t)]\cos(\omega_c t) \\ &= U_{cm}[1 + m_a\cos(\Omega t)]\cos(\omega_c t)\end{aligned} \tag{5-4}$$

此时的 $u_{AM}(t)$ 是由调幅定义得到的，所以这个式子也称为普通调幅的定义式。把调幅波振幅变化规律，即 $U_{cm}[1 + m_a\cos(\Omega t)]$ 称为调幅信号的包络，其中 $m_a = \dfrac{k_a U_{\Omega m}}{U_{cm}}$，$m_a$ 为调幅系数或调幅度，表示载波振幅受调制信号控制的程度。

2. 普通调幅单频调制时的调幅波波形

根据普通调幅波的表达式，分别画出了载波信号、调制信号和调幅信号的波形，如图 5-1 所示。

在调幅信号波形的包络 $U_{cm}[1 + m_a\cos(\Omega t)]$ 中，因 $\cos(\Omega t)$ 的取值范围为 [1, −1]，所以最大

振幅为 $U_{cm}(1+m_a)$，最小振幅为 $U_{cm}(1-m_a)$。通过测量振幅的最大值、最小值，得出 U_{cm} 和 m_a 的数值。

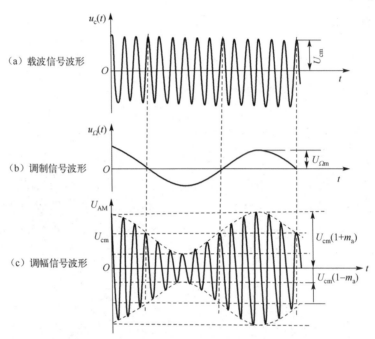

（a）载波信号波形

（b）调制信号波形

（c）调幅信号波形

图 5-1　普通调幅单频调制时的载波信号、调制信号和调幅信号的波形

　　在调幅的实验中，也可以采用另一种方法来进行调幅系数 m_a 的测试。

　　单频调制时调幅信号的 m_a 的求取如图 5-2 所示，根据 m_a 的定义，通过数值 A、B（A 指的是调幅波波峰和波峰间的振幅，B 指的是调幅波波谷和波谷间的振幅）即可得到 m_a。

$$m_a = \frac{A-B}{A+B} \times 100\% \qquad (5\text{-}5)$$

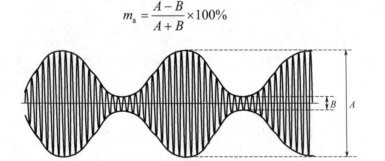

图 5-2　单频调制时调幅信号的 m_a 的求取

　　图 5-3 所示为单频调制时不同 m_a 值对应的普通调幅波波形。

　　图 5-3（a）、（b）所示的波形的包络线能够反映调制信号的变化规律，但当 $m_a>1$ 时，调制后的波形的包络线与调制信号存在不同，即调制后的波形的包络线不再与调制信号呈线性关系，产生了过调幅失真，称为过调制，为避免过调失真，要求 $m_a \leqslant 1$。

　　3. 单频调制时普通调幅波频谱

　　将式（5-4）展开，展开后的表达式为

$$u_{AM}(t) = U_{cm}[1 + m_a\cos(\Omega t)]\cos(\omega_c t)$$

$$= U_{cm}\cos(\omega_c t) + \frac{1}{2}m_a U_{cm}\cos[(\omega_c + \Omega)t] + \frac{1}{2}m_a U_{cm}\cos[(\omega_c - \Omega)t] \tag{5-6}$$

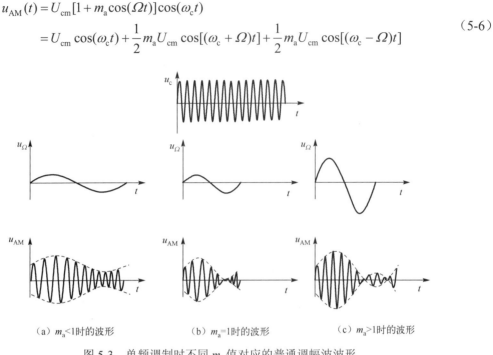

（a）m_a<1时的波形　　　（b）m_a=1时的波形　　　（c）m_a>1时的波形

图 5-3　单频调制时不同 m_a 值对应的普通调幅波波形

由展开式可知，普通调幅波由三部分组成，分别是载波成分（ω_c）、和频成分（$\omega_c+\Omega$）、差频成分（$\omega_c-\Omega$），转换成频率分别为 f_c、f_c+F、f_c-F，这是判断调幅波的类型是否是普通调幅波的一种方法。将不同频率对应的振幅用图形来表示，可以得到单频调制时普通调幅信号的频谱图，如图 5-4 所示。频谱图是指在同一个频率轴的坐标中，将普通调幅信号中的所有频率分量的振幅，用线段的长度表示出来的图，通过这个图可以直观清晰地看到，不同频率对应的每个分量的振幅大小。

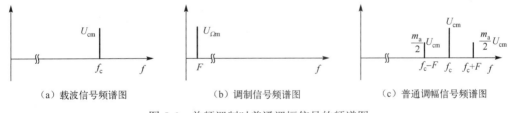

（a）载波信号频谱图　　　（b）调制信号频谱图　　　（c）普通调幅信号频谱图

图 5-4　单频调制时普通调幅信号的频谱图

在频谱图中，f_c+F 为上边带，f_c-F 为下边带，两个频率之间的差为带宽 BW = 2F。根据振幅之间的关系，载波的振幅为 U_{cm}，上、下边带分量的振幅相等为 $(1/2)m_a U_{cm}$，上、下边带分量的振幅不超过载波振幅的一半。

4. 单频调制时普通调幅波的功率

根据前面的分析，普通调幅波由三种信号叠加而成，每种成分的振幅不一样，那么它们的功率也有所不同，下面分析这些分量的功率大小。

将式（5-6）所示的调幅波电压加到电阻 R_L 的两端，可得载波分量功率为

$$P_o = \frac{1}{2}\frac{U_{cm}^2}{R_L} \tag{5-7}$$

上、下边带分量功率为

$$P_{SB1} = P_{SB2} = \frac{1}{2}\frac{\left(\frac{1}{2}m_a U_{cm}\right)^2}{R_L} = \frac{1}{8}\frac{m_a^2 U_{cm}^2}{R_L} = \frac{1}{4}m_a^2 P_o \tag{5-8}$$

那么，普通调幅波在调制信号的一个周期内的平均功率为

$$P_{AV} = P_o + P_{SB1} + P_{SB2} = P_o\left(1 + \frac{m_a^2}{2}\right) \tag{5-9}$$

当 $m_a = 1$ 时，上、下边带功率最大，但也仅占整个普通调幅波平均功率的 1/3。

单频调幅信号波形的振幅如图 5-5 所示，当普通调幅波振幅处于包络峰值时，高频输出功率最大，称为调幅波最大功率，也称峰值包络功率，其表达式为

$$P_{max} = \frac{[(1+m_a)U_{cm}]^2}{2R_L} = (1+m_a)^2 P_o \tag{5-10}$$

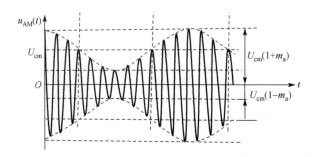

图 5-5 单频调幅信号波形的振幅

在实际使用过程中，一般 m_a 的取值在 0.1～1，平均值约为 0.3。这样大小的 m_a 会使普通调幅波中两个边带分量所占的功率非常小，而载波占绝大部分。调制是将调制信号和载波信号通过相乘器输出为已调信号，调制信号的频率是 F，载波信号的频率是 f_c，调制信号含有有效信息，而载波信号只是载体，携带调制信号对外发送，载波信号不包含有效信息，从而可以这样说，调制是为了实现对频率是 F 的调制信号的传递，f_c 只是辅助输送有效信息的载波信号的频率，在普通调幅的三个信号中，含 F 的边带信号为有效信号，f_c 可以看成无有效信息的信号的频率。

普通调幅因结构简单、解调方便等特点，在无线广播中广泛应用。但对于发射台来说，需要将占比多于 2/3 的功率分给载波，而载波却不包含要发射的调制信号的任何信息，所以从效率方面分析，由于载波的功率大且不包含有效信息，而变频分量的功率低且包含有效信息，故发射普通调幅波信号时，传输效率极低，要提高传输效率，需要去掉载波再进行发射，这种调幅方式称为抑制载波的双边带调幅和抑制载波的单边带调幅。

5.1.1.3 复杂信号调制

在日常生活中，常见的调制信号并非单频信号，而是变化复杂的低频信号，对这些信号

进行调幅，同样是将低频变成高频，根据调幅的定义，得到复杂信号的波形图。对于复杂问题，通常需要把它简单化，采用的方式就是找出规律，进行分解，得到简单条件的叠加，按简单条件分析的结果之和就是要得到的结果。

1. 复杂信号的调制波形

图 5-6 所示为复杂信号的调制波形。

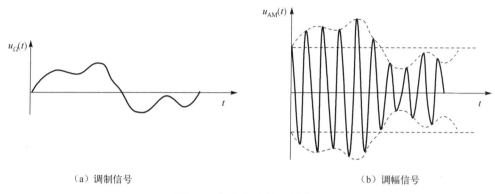

（a）调制信号　　　　　　　　　　　　　　（b）调幅信号

图 5-6　复杂信号的调制波形

2. 复杂信号的调制表达式

对于一些周期性的复杂信号，可以采用傅里叶级数对其进行展开，将复杂信号分解，分解后可表示为

$$u_{\Omega}(t) = \sum_{n=1}^{n_{\max}} u_{\Omega m} \cos(n\Omega t) \tag{5-11}$$

$$\Omega_{\max} = n_{\max}\Omega, \quad F_{\max} = n_{\max}F$$

载波仍为 $u_c(t) = U_{cm}\cos(\omega_c t)$，分解后的每个单频信号按单频信号调幅方式完成调制后，再进行叠加，最终得到复杂信号的调幅波，复杂信号普通调幅波的频谱图如图 5-7 所示。

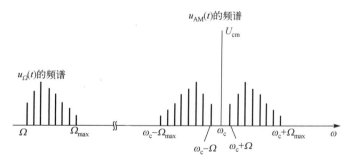

图 5-7　复杂信号普通调幅波的频谱图

每个单频信号调幅后会得到一组上边带、一组下边带及载波，上边带分量和下边带分量的相对大小及间距均与调制信号的频谱相同，而下边带频谱和原调制信号的频谱镜像对称。可见，调幅的作用是将调制信号频谱不失真地搬移到载频两侧。由频谱图可知，复杂信号的调幅信号带宽为 $\mathrm{BW} = 2F_{\max}$，只要知道复杂信号频率的最大值，就能确定整个调幅信号的带宽。

5.1.2 抑制载波的双边带调幅波

5.1.2.1 双边带调幅波

由于普通调幅波的分量中有用的调制信息含于边带分量中，载波中不含有用信息，但载波占有很大能量，对发射信号来说不经济，因此要抑制载波。抑制载波分量的调制方式有两种，分别是双边带调幅和单边带调幅。双边带调幅波抑制了载波分量，只含上、下边带分量。而单边带调幅波也抑制了载波分量，只含上边带分量或下边带分量。

1. 双边带调幅波的表达式

双边带调幅波的表达式为 $u_{\mathrm{DSB}}(t) = k_{\mathrm{a}} u_{\Omega}(t) \cos(\omega_{\mathrm{c}} t)$，其中 k_{a} 由调制电路和载波幅值决定。当 $u_{\Omega}(t)$ 为单频信号 $u_{\Omega}(t) = U_{\Omega\mathrm{m}} \cos(\Omega t)$ 时，调制后输出波的表达式为

$$\begin{aligned} u_{\mathrm{DSB}}(t) &= k_{\mathrm{a}} U_{\Omega\mathrm{m}} \cos(\Omega t) \cos(\omega_{\mathrm{c}} t) \\ &= \frac{1}{2} k_{\mathrm{a}} U_{\Omega\mathrm{m}} \cos[(\omega_{\mathrm{c}} + \Omega)t] + \frac{1}{2} k_{\mathrm{a}} U_{\Omega\mathrm{m}} \cos[(\omega_{\mathrm{c}} - \Omega)t] \end{aligned} \tag{5-12}$$

根据式（5-12）可知，双边带调幅波中的成分由两部分组成，分别是和频分量、差频分量。

2. 双边带调幅信号的波形

图 5-8 所示为单频信号双边带调幅信号的波形图，从图 5-8 可以看出，振幅的包络线不再反映调幅信号的变化，普通调幅波的包络正比于调制信号 $u_{\Omega}(t)$ 的波形，而双边带调幅波的包络则正比于 $|u_{\Omega}(t)|$。同时也发现，双边带调幅信号的高频载波相位在调制电压零交点处（调制电压正负交替时）要突变 180°，双边带调幅信号的波形收缩成 0 的点称为突变点，载波信号在经过突变点后产生 180°的反相变化，即在 $u_{\Omega}(t)$ 在负半周

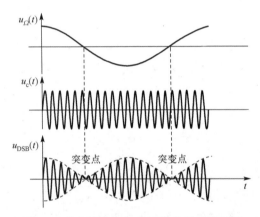

图 5-8　单频信号双边带调幅信号的波形图

期时，载波信号会发生反相变化，也就是说，正值的包络线也要在经过突变点后反相。因此，在调制信号正半周期内，已调波的高频与原载频同相，相差 0°；在调制信号负半周期内，已调波的高频与原载频反相，相差 180°。这就表明，双边带调幅信号的相位反映了调制信号的极性。严格来说，双边带调幅信号已非单纯的调幅信号，而是既调幅又调相的信号。

3. 双边带调幅信号的频谱

根据双边带调幅波表达式的展开式，画出其频谱图，如图 5-9 所示。

根据双边带调幅信号的频谱图，可以看到调制信号的频率 F 被搬移到载频 f_{c} 的两边，这个过程属于线性搬移，调制信号没有发生改变，只是坐标轴由原点搬到 f_{c} 位置，调幅信号的带宽为 $\mathrm{BW} = 2F$。由于双边带调幅信号不含载波，它的全部功率被边带占有，所以发送的全部功率都载有信息，功率利用率显然高于普通调幅信号。而两个边带所含的信息完全相同，从信息传输来看，发送一个边带就能够反映传输的信息，这种方式称为单边带调制。

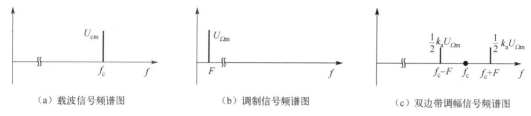

（a）载波信号频谱图　　　　　（b）调制信号频谱图　　　　　（c）双边带调幅信号频谱图

图 5-9　双边带调幅的载波信号、调制信号和双边带调幅信号的频谱图

5.1.2.2　抑制载波的单边带调幅波

在调幅波中，无论是上边带还是下边带，都含有相同的调制信号，传送时只需要其中一个边带信号，接收到的信号就能解调出原来的调制信号，这种输出是上边带或下边带的调制方式称为单边带调幅，单边带调幅波只含一个边带分量。

1. 单边带调幅波的表达式

单频调制时的表达式为

$$u_{SSB}(t) = \frac{1}{2} k_a U_{\Omega m} \cos[(\omega_c + \Omega)t]$$

或

$$u_{SSB}(t) = \frac{1}{2} k_a U_{\Omega m} \cos[(\omega_c - \Omega)t] \qquad (5\text{-}13)$$

2. 单边带调幅信号的波形

单边带调幅信号的波形图和频谱图如图 5-10 所示。从图中可以看出，单边带调幅信号的包络线已经和调制信号没有任何关系。单频调制时的单边带调幅信号仍是等幅波，但它与原载波电压是不同的。单边带调幅信号的振幅与调制信号的振幅成正比，它的频率随调制信号频率的不同而不同，因此它含有消息，单边带调幅信号的包络线与调制信号的包络线形状相同。单边带调制从本质上说是幅度和频率都随调制信号改变的调制方式。但是由于它产生的已调信号频率与调制信号频率间只是一个线性变换关系（由 Ω 变至 $\omega_c+\Omega$ 或 $\omega_c-\Omega$ 的线性搬移），这一点与普通调幅及双边带调幅相似，因此通常把它归于调幅。单边带调幅方式在传送信息时，不但功率利用率高，而且它所占用频带为 $BW_{SSB} \approx F$，比普通调幅、双边带调幅减少了一半，频带利用充分，目前已成为短波通信中一种重要的调幅方式。

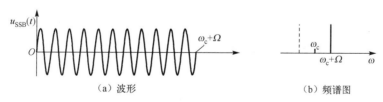

（a）波形　　　　　　　　　　　（b）频谱图

图 5-10　单边带调幅信号的波形图和频谱图

5.1.3　调幅电路的组成模型

5.1.3.1　相乘器

调幅信号中的和频、差频是通过两个信号相乘得到的，所以要实现调幅，需要用相乘器

来完成，相乘器同时也实现了调制信号的线性搬移。相乘器是实现两个输入信号进行相乘功能的器件，其模型如图 5-11 所示。

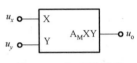

图 5-11　相乘器模型

下面分析理想相乘器，其表达式是 $u_o = A_M \cdot u_x \cdot u_y$，其中 A_M 为增益系数或乘积系数，1/V。u_x、u_y 为两个输入信号。

理想相乘器有以下特点：

（1）相乘器能实现相乘功能。它对输入电压波形、幅度、极性、频率无要求，为四象限相乘器。

（2）当输入信号 u_x、u_y 中有一个为恒值时，相乘器相当于一个线性放大器。

（3）相乘器会产生新的频率分量，新的频率分量分别为两个输入信号频率的和与差。

5.1.3.2　普通调幅电路组成模型

利用相乘器能够实现对载波振幅进行调制的调幅波，普通调幅电路的组成模型如图 5-12 所示。

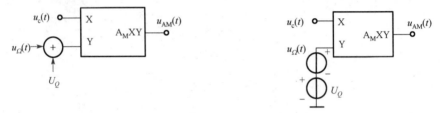

图 5-12　普通调幅电路的组成模型

在组成模型中，调制信号 $u_\Omega(t)$ 与静态直流电压 U_Q 相叠加后作为相乘器的输入 Y，载波信号 $u_c(t)$ 作为相乘器的输入 X，经过相乘器后得到：

$$
\begin{aligned}
u_{AM}(t) &= A_M[U_Q + u_\Omega(t)]U_{cm}\cos(\omega_c t) \\
&= [A_M U_Q U_{cm} + A_M U_{cm} u_\Omega(t)]\cos(\omega_c t) \qquad (5\text{-}14) \\
&= [U_m + k_a u_\Omega(t)]\cos(\omega_c t)
\end{aligned}
$$

式中，$U_m = A_M U_Q U_{cm}$ 是输出载波电压振幅；$k_a = A_M U_{cm}$ 是由相乘器和输入载波振幅决定的比例常数。

5.1.3.3　双边带调幅电路的组成模型

在图 5-13 所示的双边带调幅电路的组成模型中，调制信号 $u_\Omega(t)$ 作为相乘器的输入 Y，载波信号 $u_c(t)$ 作为相乘器的输入 X，经过相乘器后得到 $u_{DSB}(t) = A_M u_\Omega(t)u_c(t)$。

当调制信号为单频调制时，

$$u_\Omega(t) = U_{\Omega m}\cos(\Omega t)$$

$$u_{DSB}(t) = A_M U_{cm} U_{\Omega m}\cos(\Omega t)\cos(\omega_c t) = U_m\cos(\Omega t)\cos(\omega_c t)$$

5.1.3.4　单边带调幅电路的组成模型

单边带可以通过双边带去掉一个边带、保留一个边带来获取。由双边带得到单边带的方法有两种：一种是滤波法；另一种是移相法。

1．滤波法

单边带调幅电路的组成模型如图 5-14 所示。

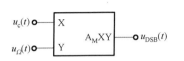

图 5-13　双边带调幅电路的组成模型　　　图 5-14　单边带调幅电路的组成模型

滤波法是指利用相乘器得到双边带，再通过高频带通滤波器得到其中的一个边带，单边带调幅信号的带通滤波特性如图 5-15 所示。滤波法的关键是高频带通滤波器，其要能够有效滤除不需要的边带，且不失真地通过所需要的边带。

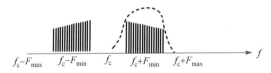

图 5-15　单边带调幅信号的带通滤波特性

在滤波过程中，两个边带之间的绝对间距为 $\Delta f = 2F_{min}$，相对间距 $\Delta f / f_c$ 称为过渡带宽，过渡带宽越小，直接滤波越困难。因为直接滤波过程中的过渡带宽非常小，无法完成滤波功能，所以采用过渡带宽比较大的逐次滤波方式来实现单边带调幅。

要增加过渡带宽，需要降低载波频率，即先用频率较低的载波 f_{c1} 进行第一次调制，产生载频较低的单边带信号，由于过渡带宽 $\Delta f / f_{c1}$ 较大，因此可以容易地通过高频带通滤波器进行选频。选出的和频 $f_{c1}+F$ 对另一频率较高的载频 f_{c2} 进行调制、滤波，得到载频较高的单边带信号，这个过程中的过渡带宽也是较大的，也容易进行滤波。经过三次（或多次）调制、滤波后，若 $f_c = f_{c1}+f_{c2}+f_{c3}$ 就能达到我们所需要的要求（见图 5-16）。

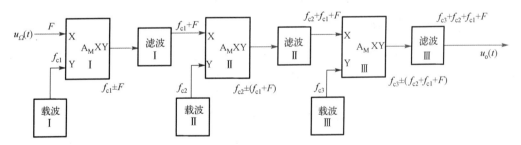

图 5-16　逐次滤波法实现单边带调幅的模型

高频带通滤波器可以分为：机械滤波器、石英晶体滤波器和陶瓷滤波器。它们的特点是 Q 值高，频率特性好，性能稳定。机械滤波器的工作频率一般为 100～500kHz，石英晶体滤波器的工作频率为几百千赫兹至一二兆赫兹。

2．移相法

因为滤波法需要多个相乘器和高频带通滤波器，结构比较复杂，因此，可以采用较少器件的移相法实现单边带调幅，移相法实现单边带调幅的模型如图 5-17 所示。移相法需要两个相乘器、两个移相器，一个相加器或相减器。两路输入信号一路通过相乘器得到双边带信号

$u_{o1}(t)$，一路经过 90°移相后再经过相乘器得到另一个双边带信号 $u_{o2}(t)$，两个双边带信号再经过相加器或相减器，得到单边带信号。

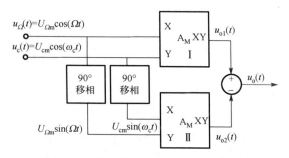

图 5-17　移相法实现单边带调幅的模型

设高频载波 $u_c(t) = U_{cm}\cos(\omega_c t)$，调制信号 $u_\Omega(t) = U_{\Omega m}\cos(\Omega t)$。

第一个相乘器输出的双边带信号的表达式为

$$u_{o1}(t) = A_M U_{\Omega m} U_{cm}\cos(\Omega t)\cos(\omega_c t)$$
$$= \frac{1}{2} A_M U_{\Omega m} U_{cm}\{\cos[(\omega_c + \Omega)t] + \cos[(\omega_c - \Omega)t]\} \tag{5-15}$$

第二个相乘器输出的双边带信号的表达式为

$$u_{o2}(t) = A_M U_{\Omega m} U_{cm}\sin(\Omega t)\sin(\omega_c t)$$
$$= \frac{1}{2} A_M U_{\Omega m} U_{cm}\{\cos[(\omega_c - \Omega)t] - \cos[(\omega_c + \Omega)t]\} \tag{5-16}$$

两个双边带信号经过相加器后输出的为下边带信号，其表达式为

$$u_{o1}(t) + u_{o2}(t) = A_M U_{\Omega m} U_{cm}\cos[(\omega_c - \Omega)t] \tag{5-17}$$

两个双边带信号经过相减器后输出的为上边带信号，其表达式为

$$u_{o1}(t) - u_{o2}(t) = A_M U_{\Omega m} U_{cm}\cos[(\omega_c + \Omega)t] \tag{5-18}$$

移相法的优点是结构比较简单，省去了高频带通滤波器。缺点是要求对载波和调制信号的移相均为精确的 90°，只有这样才能使信号经过相加器或相减器后得到单边带信号，而其幅频特性又要为常数。

例 5-1　试分别画出下列电压表达式的波形图和频谱图，并说明它们各为何种信号，并求带宽。

（1）$u(t) = [1+\cos(\Omega t)]\cos(\omega_c t)$；

（2）$u(t) = \cos(\Omega t)\cos(\omega_c t)$；

（3）$u(t) = \cos[(\omega_c+\Omega)t]$；

（4）$u(t) = \cos(\Omega t)+\cos(\omega_c t)$。（设 ω_c 为 Ω 的整数倍）

解：（1）基本调幅信号的波形图及频谱图如图 5-18 所示，$m_a = 1$。

根据频谱图可知，$BW = 2F = \dfrac{\omega}{\pi}$。

（2）双边带调幅信号的波形图及频谱图如图 5-19 所示。

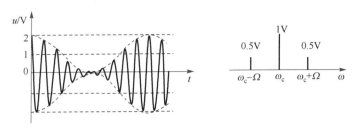

图 5-18　基本调幅信号的波形图及频谱图

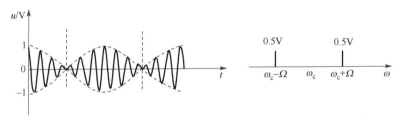

图 5-19　双边带调幅信号的波形图及频谱图

根据频谱图可知，$\text{BW} = 2F = \dfrac{\omega}{\pi}$。

（3）单边带调幅信号的波形图及频谱图如图 5-20 所示。

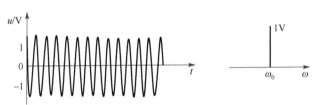

图 5-20　单边带调幅信号的波形图及频谱图

根据频谱图可知，$\text{BW} = 0$。

（4）低频信号与高频信号叠加后的波形图和频谱图如图 5-21 所示。

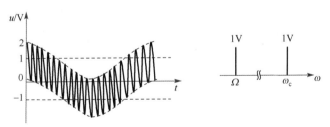

图 5-21　低频信号与高频信号叠加后的波形图及频谱图

根据频谱图可知，$\text{BW} = \dfrac{\omega_c - \Omega}{2\pi}$。

5.2　相乘器电路

相乘器是能够实现两个输入信号相乘功能的电路或器件，由于输入信号通过相乘器会产生新的频率分量，因此相乘器由非线性元件或器件构成，目前通信系统中广泛采用由二极管构成的平衡相乘器和由晶体管构成的双差分对模拟相乘器。

本节首先对非线性器件的相乘功能进行讨论，然后对二极管平衡相乘器和双差分对模拟相乘器的电路进行详细分析。

5.2.1　非线性器件的相乘功能

半导体二极管、晶体三极管都是常用的非线性器件，其伏安特性具有非线性，因此它们可以实现相乘功能，下面来分析二极管的非线性特征。

5.2.1.1　非线性器件特性的幂级数分析法

根据伏安特性曲线，二极管要工作在非线性区，需要有一个合适的静态工作点 Q，u_1、u_2 为两个输入交流信号（见图 5-22）。

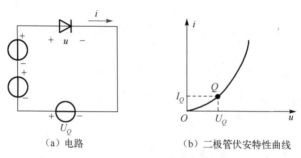

（a）电路　　　　　　　　　（b）二极管伏安特性曲线

图 5-22　二极管的相乘功能

二极管的伏安特性表示为

$$i = f(u) = f(U_Q + u_1 + u_2) \tag{5-19}$$

若在静态工作点 Q 附近的各阶导数都存在，i 可在静态工作点附近用幂级数逼近。

式（5-19）在静态工作点 Q 的泰勒级数展开式为

$$i = a_0 + a_1(u_1 + u_2) + a_2(u_1 + u_2)^2 + \cdots + a_n(u_1 + u_2)^n + \cdots \tag{5-20}$$

式中，$a_0 = I_Q$，是 $u = U_Q$ 时的电流值。

$a_1 = \dfrac{1}{1!} \dfrac{\mathrm{d}i}{\mathrm{d}u} \bigg|_{u=U_Q} = g$，为静态工作点 Q 处的增量电导或者是 $u = U_Q$ 时 i 的 1 次导数值。

……

$a_n = \dfrac{1}{n!} \dfrac{\mathrm{d}^{(n)}i}{\mathrm{d}u} \bigg|_{u=U_Q}$，是 $u = U_Q$ 处 i 的 n 次导数值。

将式（5-20）的各幂级数项展开，可得

$$\begin{aligned} i = a_0 + (a_1 u_1 + a_1 u_2) + (a_2 u_1^2 + a_2 u_2^2 + 2a_2 u_1 u_2) + \\ (a_3 u_1^3 + a_3 u_2^3 + 3a_3 u_1^2 u_2 + 3a_3 u_1 u_2^2) + \cdots \end{aligned} \tag{5-21}$$

在 $2a_2 u_1 u_2$ 中的 $u_1 u_2$ 能够实现相乘功能，这是因为输出的和频与差频是由二次方产生的有用乘积项，但由于非线性器件也产生众多无用的高阶乘积项，且有用乘积项在整个系统的占比率太低，因此作为相乘功能并不理想，解决这一问题的方法就是尽量减小无用分量，提高有用分量的占比率。

令 $u_1 = U_{1m}\cos(\omega_1 t)$，$u_2 = U_{2m}\cos(\omega_2 t)$，代入 i 的公式中得到众多组合频率分量的通式为 $\omega_{p\cdot q} = |\pm p\omega_1 \pm q\omega_2|$，$p$、$q$ 为 0 或正整数。

其中 $p = q = 1$ 对应 $\omega_{1\cdot 1} = |\pm\omega_1 \pm \omega_2|$，是有用乘积项所产生的和频与差频，属于有用分量；其余频率分量都由无用乘积项产生，属于无用分量。

为减小无用分量，应选择合适的静态工作点 Q，让非线性器件工作在特性接近平方律的区段，或选用具有平方律特性的器件。另外，还可以控制输入信号的大小范围，让非线性器件工作在线性时变工作状态或开关工作状态。

5.2.1.2　线性时变工作状态

线性时变工作状态就是指让 u_2 为足够小的信号，代入电流 i 的表达式（5-21）中，因 u_2 足够小，则可忽略式（5-22）中的二次方及其以上各次方项。

$$i = a_0 + (a_1 u_1 + a_1 u_2) + (a_2 u_1^2 + a_2 u_2^2 + 2a_2 u_1 u_2) + (a_3 u_1^3 + a_3 u_2^3 + 3a_3 u_1^2 u_2 + 3a_3 u_1 u_2^2) + \cdots \quad （5\text{-}22）$$

在 u_2 足够小的条件下，式（5-22）可以变换成

$$i = (a_0 + a_1 u_1 + a_2 u_1^2 + \cdots) + (a_1 + 2a_2 u_1 + 3a_3 u_1^2 + \cdots)u_2 = I_0(u_1) + g(u_1)u_2 \quad （5\text{-}23）$$

从式（5-23）可以看出，$I_0(u_1)$ 为时变静态电流，$g(u_1)u_2$ 为时变增量电导，且都是时间的函数。整体来看，i 和 u_2 是线性关系，但其常数项和系数又是随时间变化的，线性时变工作状态如图 5-23 所示。

大信号 u_1 决定随时间变化的工作点的变化规律，而 u_2 是小信号，二极管伏安特性曲线等效为在时变工作点处的一小段切线，由于变化很小，故呈线性特性。但切线斜率即增量电导随时变工作点而变，所以将这种条件下的工作状态称为线性时变工作状态。

因为 u_2 足够小，可忽略二次方及其以上各次方项，所以与 u_2 超过二次方的各次谐波有关的所有分量都可被去掉，因此线性时变工作状态能减少无用分量。下面分析线性时变工作状态下输出量中所含的频率分量。

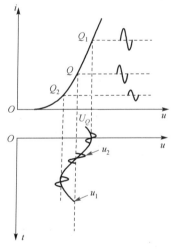

图 5-23　线性时变工作状态

若 $u_1 = U_{1m}\cos(\omega_1 t)$，则 $I_0(u_1)$ 和 $g(u_1)$ 都是周期函数，可用傅里叶级数展开，故

$$I_0(u_1) = I_0 + I_{1m}\cos(\omega_1 t) + I_{2m}\cos(2\omega_1 t) + \cdots \quad （5\text{-}24）$$

$$g(u_1) = g_0 + g_1\cos(\omega_1 t) + g_2\cos(2\omega_1 t) + \cdots \quad （5\text{-}25）$$

将 $u_2 = U_{2m}\cos(\omega_2 t)$ 和式（5-24）、式（5-25）代入 $i = I_0(u_1) + g(u_1)u_2$ 则可得

$$i = I_0 + I_{1m}\cos(\omega_1 t) + I_{2m}\cos(2\omega_1 t) + \cdots + g_0 U_{2m}\cos(\omega_2 t) +$$
$$\frac{1}{2}g_1 U_{2m}\{\cos[(\omega_1 + \omega_2)t] + \cos[(\omega_1 - \omega_2)t]\} +$$

$$\frac{1}{2}g_2U_{2m}\{\cos[(2\omega_1+\omega_2)t]+\cos[(2\omega_1-\omega_2)t]\}+\cdots \tag{5-26}$$

根据输出表达式可知，产生的分量包含直流成分、ω_1 及其各次谐波、ω_2、ω_1 及其各次谐波与 ω_2 的组合频率，消除了 ω_2 的各次谐波、ω_2 的各次谐波与 ω_1 及其各次谐波的组合频率。

从组合频率分量的通式 $\omega_{p\cdot q}=|\pm p\omega_1\pm q\omega_2|$ 看，即消除了 $q>1$，p 为任意值时的所有频率分量。同时由于有用分量与无用分量的间隔大，所以易滤除。与幂级数分析法得到的频率分量相比，在线性时变工作状态时，无用高次谐波分量明显少了许多，大约少了一半的频率分量，可见，线性时变工作状态能减少无用组合频率分量。

5.2.1.3　开关工作状态

开关工作状态也是消除无用分量，提高有效信息分量的一种方法，效果比线性时变工作状态更好。

开关工作状态的工作条件为，u_1 为足够大信号，使器件工作于开关状态，u_2 为足够小信号。通过 u_1 条件的限制，可消除 u_1 为中、小信号所产生的那些无用分量。二极管的开关工作状态如图 5-24 所示。

设 $u_1=U_{1m}\cos(\omega_1 t)$，$u_2=U_{2m}\cos(\omega_2 t)$，其中 $U_{1m}>0.5\text{V}$，$U_{1m}\gg U_{2m}$，u_1 控制二极管的开关状态，u_1 在正半周期时，二极管正向导通，u_1 在负半周期时，二极管反向截止。这个分段函数可以用单向开关函数 $K_1(u_1)$ 来表示，二极管开关的等效电路如图 5-25 所示。

$$K_1(u_1)=\begin{cases}1, & u_1>0\\0, & u_1\leqslant 0\end{cases}$$

g_D 为二极管导通时的等效电导，二极管电路可等效为线性时变电路，其时变电导值可以用 $g_D(u_1)$ 表示，$g_D(u_1)=g_D K_1(u_1)$，产生的电流为

$$i=g_D(u_1)(u_1+u_2)=g_D K_1(u_1)(u_1+u_2) \tag{5-27}$$

单向开关函数的波形如图 5-26 所示。

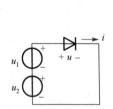
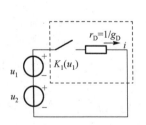
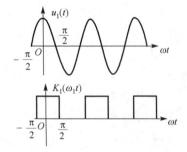

图 5-24　二极管的开关工作状态　　图 5-25　二极管开关的等效电路　　图 5-26　单向开关函数的波形

由于 $K_1(u_1)$ 在 u_1 的正半周期等于 1，在 u_1 的负半周期等于 0，而 u_1 是 $\omega_1 t$ 的函数，所以 $K_1(u_1)$ 可以表示成 $K_1(\omega_1 t)$，相应地：

$$K_1(\omega_1 t)=\begin{cases}1, & \cos(\omega_1 t)>0\\0, & \cos(\omega_1 t)\leqslant 0\end{cases} \tag{5-28}$$

单向开关函数仍然是周期性函数，用傅里叶级数展开为

$$K_1(\omega_1 t) = \frac{1}{2} + \frac{2}{\pi}\cos(\omega_1 t) - \frac{2}{3\pi}\cos 3(\omega_1 t) + \cdots$$

$$= \frac{1}{2} + \sum_{n=1}^{\infty}(-1)^{n-1}\frac{2}{(2n-1)\pi}\cos[(2n-1)\omega_1 t] \qquad (5\text{-}29)$$

将式（5-29）的单向开关函数 $K_1(\omega_1 t)$ 代入二极管输出电流表达式 $i = g_D K_1(u_1)(u_1 + u_2)$ 可得

$$i = g_D K_1(\omega_1 t)(u_1 + u_2)$$

$$= g_D \left[\frac{1}{2} + \frac{2}{\pi}\cos(\omega_1 t) - \frac{2}{3\pi}\cos(3\omega_1 t) + \cdots\right][U_{1m}\cos(\omega_1 t) + U_{2m}\cos(\omega_2 t)]$$

$$= \frac{g_D}{\pi}U_{1m} + \frac{g_D}{2}U_{1m}\cos(\omega_1 t) + \frac{g_D}{2}U_{2m}\cos(\omega_2 t) + \frac{g_D}{\pi}U_{2m}\cos[(\omega_1 + \omega_2)t] + \qquad (5\text{-}30)$$

$$\frac{g_D}{\pi}U_{2m}\cos[(\omega_1 - \omega_2)t] + \frac{2g_D}{3\pi}U_{1m}\cos(2\omega_1 t) - \frac{g_D}{3\pi}U_{1m}\cos(4\omega_1 t) - $$

$$\frac{g_D}{3\pi}U_{2m}\cos[(3\omega_1 + \omega_2)t] - \frac{g_D}{3\pi}U_{2m}\cos[(3\omega_1 - \omega_2)t] + \cdots$$

根据输出的结果可知，输出电流中只含有直流成分、ω_2、ω_1 及其偶次谐波、ω_1 及其奇次谐波与 ω_2 的组合频率分量。

与线性时变状态相比，开关工作状态进一步消除了 ω_1 的奇次谐波、ω_1 的偶次谐波与 ω_2 的组合频率分量。无用分量少了，有用频率分量的占比得到提高。

从非线性器件特性的幂级数分析法、线性时变工作状态分析法到开关工作状态分析法可以看出，幂级数分析法得到了全部的谐波频率分量；而线性时变工作状态分析法得到的谐波频率分量和幂级数分析法得到的分量相比，减少了一半的频率分量；用开关工作状态分析法得到的谐波频率分量和线性时变工作状态分析法得到的分量相比，减少了大约一半的分量。从这里可以看出，三种不同的分析方法，所得的频率分量逐渐减少，这可以看成在理论上实现了谐波分量的减少，故称为理论滤波。

5.2.2 二极管平衡相乘器

通过对输入变量的取值范围进行限制，消除了很多无用分量，但有用分量的占比还是不够大，这需要从电路的结构上考虑，进一步消除无用分量，可以尝试采用对称的平衡电路进一步消除无用分量。

5.2.2.1 二极管平衡相乘器概述

1. 电路组成

由两个二极管构成的平衡相乘器电路如图 5-27 所示，图中二极管 VD_1、VD_2 的性能完全一致，变压器 T_1、T_2 从中心抽出两个头，分成对称的两部分，组成平衡电路。为了简化分析，把两个变压器的一、二次线圈的匝数看成相等，即 $N_1 = N_2$，输入信号 u_2 由 T_1 输入，它是小信号；u_1 是控制信号，由变压器的两个中心抽头引入，它是大信号，控制二极管的开关状态。

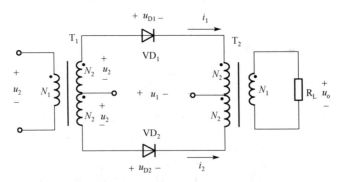

图 5-27　由两个二极管构成的平衡相乘器电路

2. 电路分析

当 u_1 在正半周期时，开关闭合，忽略负载的反作用，由图 5-27 可知，加在两个二极管上的电压分别为

$$u_{D1} = u_1 + u_2, \quad u_{D2} = u_1 - u_2$$

根据式（5-30），可知流过两个二极管的电流分别为

$$i_1 = g_D(u_1 + u_2)K_1(\omega_1 t)$$

$$i_2 = g_D(u_1 - u_2)K_1(\omega_1 t)$$

这两个电流又以相反的方向通过变压器 T_2 的一次线圈，故输出的总电流为

$$i = i_1 - i_2 = 2g_D u_2 K_1(\omega_1 t) \tag{5-31}$$

将式（5-29）代入式（5-31）得

$$
\begin{aligned}
i = i_1 - i_2 &= 2u_2 g_D K_1(\omega_1 t) \\
&= 2g_D U_{2m}\cos(\omega_2 t)\left[\frac{1}{2} + \frac{2}{\pi}\cos(\omega_1 t) - \frac{2}{3\pi}\cos(3\omega_1 t) + \cdots\right] \\
&= g_D U_{2m}\cos(\omega_2 t) + \frac{2}{\pi}g_D U_{2m}\{\cos[(\omega_1 + \omega_2)t] + \cos[(\omega_1 - \omega_2)t]\} - \\
&\quad \frac{2}{3\pi}g_D U_{2m}\{\cos[(3\omega_1 + \omega_2)t] + \cos[(3\omega_1 - \omega_2)t]\} + \cdots
\end{aligned}
\tag{5-32}
$$

由两个二极管构成的平衡电路与单个二极管构成的电路相比，对称型电路中的无用分量又少很多，ω_1 及其各次谐波均被抑制，且易滤除无用分量。通过图 5-28 所示的二极管平衡相乘器输出信号的频谱图可知，ω_2 分量数值增大，会影响二极管的相乘功能，需要进一步去除。

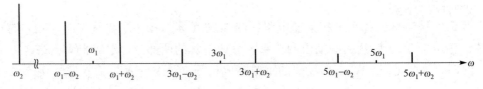

图 5-28　二极管平衡相乘器输出信号的频谱图

5.2.2.2　二极管双平衡相乘器概述

1. 双平衡相乘器的电路组成

为进一步减少无用分量，采用二极管双平衡相乘器来实现，如图 5-29 所示。四个二极管 $VD_1 \sim VD_4$ 的特性一致，变压器从中心抽头，通常设 $N_1 = N_2$，u_1 为大信号，控制二极管的开关状态，u_2 为小信号。

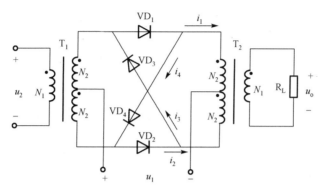

图 5-29　二极管双平衡相乘器

当 $u_1 > 0$ 时，VD_1、VD_2 导通，VD_3、VD_4 截止，相乘器的等效电路如图 5-30 所示。

当 $u_1 < 0$ 时，VD_3、VD_4 导通，VD_1、VD_2 截止，相乘器的等效电路如图 5-31 所示。

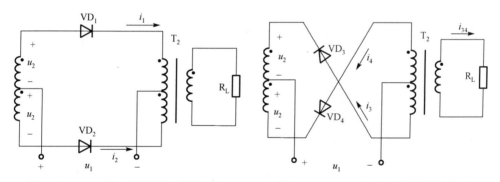

图 5-30　$u_1 > 0$ 时，相乘器的等效电路　　　　图 5-31　$u_1 < 0$ 时，相乘器的等效电路

当 u_1 在正半周期时，得到 i_1 与 i_2

$$i_1 = g_D(u_1 + u_2)K_1(\omega_1 t) \tag{5-33}$$

$$i_2 = g_D(u_1 - u_2)K_1(\omega_1 t) \tag{5-34}$$

那么通过 T_2 的电流为 $i_1 - i_2 = 2g_D u_2 K_1(\omega_1 t)$。

当 u_1 在负半周期时，得到 i_3 与 i_4

$$i_3 = g_D K_1(\omega_1 t - \pi)(-u_1 - u_2) \tag{5-35}$$

$$i_4 = g_D K_1(\omega_1 t - \pi)(-u_1 + u_2) \tag{5-36}$$

那么 T_2 中流过的电流为 $i_3 - i_4 = -2g_D u_2 K_1(\omega_1 t - \pi)$。

在整个周期内，流经 T_2 的总电流为 $i = (i_1 - i_2) + (i_3 - i_4) = 2g_D u_2 [K_1(\omega_1 t) - K_1(\omega_1 t - \pi)]$。

其中 $K_1(\omega_1 t) - K_1(\omega_1 t - \pi)$ 表示两个单向开关函数合成为一个双向开关函数，可写成 $K_2(\omega_1 t)$。
由于 $K_1(\omega_1 t - \pi)$ 的表达式为

$$K_1(\omega_1 t - \pi) = \left[\frac{1}{2} + \frac{2}{\pi}\cos(\omega_1 t - \pi) - \frac{2}{3\pi}\cos(3\omega_1 t - 3\pi) + \cdots \right]$$

$$= \frac{1}{2} - \frac{2}{\pi}\cos(\omega_1 t) + \frac{2}{3\pi}\cos(3\omega_1 t) + \cdots$$

从而得到双向开关函数的表达式为

$$K_2(\omega_1 t) = K_1(\omega_1 t) - K_1(\omega_1 t - \pi)$$

$$= \frac{4}{\pi}\cos(\omega_1 t) - \frac{4}{3\pi}\cos(3\omega_1 t) + \cdots \qquad (5\text{-}37)$$

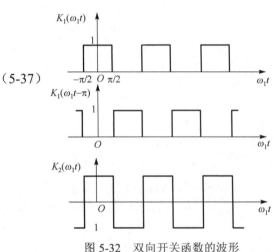

双向开关函数的波形如图 5-32 所示。

故流经 T_2 的总电流为 $i = 2g_D u_2 K_2(\omega_1 t)$。

将式（5-37）代入电流 i 中得

$$i = 2g_D u_2 K_2(\omega_1 t) = 2g_D U_{2m}\cos(\omega_2 t)$$

$$\left[\frac{4}{\pi}\cos(\omega_1 t) - \frac{4}{3\pi}\cos(3\omega_1 t) + \cdots \right]$$

图 5-32　双向开关函数的波形

$$= \frac{4}{\pi}g_D U_{2m}[\cos(\omega_1 + \omega_2)t + \cos(\omega_1 - \omega_2)t] -$$

$$\frac{4}{3\pi}g_D U_{2m}[\cos(3\omega_1 + \omega_2)t + \cos(3\omega_1 - \omega_2)t] + \cdots \qquad (5\text{-}38)$$

二极管双平衡相乘器输出信号的频谱图如图 5-33 所示。

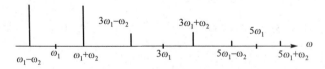

图 5-33　二极管双平衡相乘器输出信号的频谱图

输出的频率成分只含有 ω_1 各奇次谐波与 ω_2 的组合频率分量，且各频率的间距进一步加大，因此更容易滤除无用分量，十分接近理想相乘器。

将二极管双平衡相乘器中的电路元件进行整合可得二极管环形相乘器，其电路如图 5-34 所示。

在二极管环形相乘器电路中，四个二极管组成一个环路，且二极管极性沿环路一致，故称为环形相乘器。这里的二极管特性一致，变压器中心抽头上、下完全对称，各端口间良好隔离，即 u_1、u_2 输入端与输出端之间均有较好的隔离效果，不会相互串通。

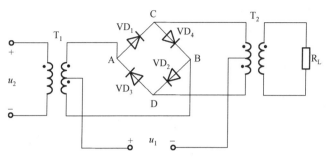

图 5-34　二极管环形相乘器的电路

2. 二极管环形混频器的特点

混频器通常由二极管环形相乘器组成，已形成的环形混频器组件的工作频率为几十千赫兹到几千兆赫兹。二极管环形混频器的优点：电路简单、噪声低、动态范围大、组合频率分量少、工作频带宽。二极管环形混频器不仅用在混频电路中，在振幅调制与解调、相位检测电路中也常用到。

二极管环形混频器的缺点：无增益、各端口间隔离度较差，频率越高，隔离度越差。

3. 二极管环形混频器组件

二极管环形混频器采用精密配对的肖特基表面势垒二极管或砷化镓器件和传输线变压器组装而成，外部用金属壳封装，如图 5-35 所示。

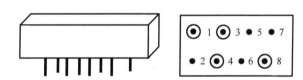

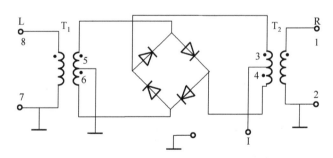

图 5-35　二极管环形混频器

使用方法：

（1）二极管环形混频器组件有三个端口，在图 5-35 中分别以 L（本振）、R（输入）和 I（中频）表示，从任意两个端口输入，从第三个端口获得输出。

（2）各端口的匹配阻抗均为 50Ω，要求接入滤波匹配网络，实现混频器与输入信号、本振信号、输出负载之间的阻抗匹配。

5.2.3 双差分对模拟相乘器

5.2.3.1 电路组成

由三极管构成的双差分对模拟相乘器的原理电路如图 5-36 所示,它由三个差分对管共同组成。电流源 I_0 提供差分对管 VT_5、VT_6 的偏置电流,而 VT_5 提供 VT_1、VT_2 差分对管的偏置电流,VT_6 提供 VT_3、VT_4 差分对管的偏置电流,输入信号 u_1 交叉加到 $VT_1 \sim VT_4$ 的输入端,VT_5、VT_6 接输入信号 u_2。

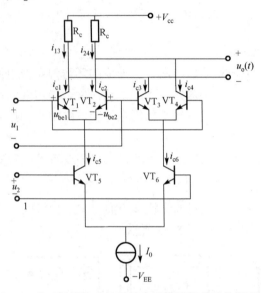

图 5-36 由三极管构成的双差分对模拟相乘器的原理电路

5.2.3.2 静态分析

当输入信号 $u_1 = u_2 = 0$ 时,只有直流电源提供整个电路的信号源,产生的静态值为 $i_{c5} = i_{c6} = I_0/2$;$i_{c1} = i_{c2} = i_{c3} = i_{c4} = I_0/4$;$i_{13} = i_{c1} + i_{c3} = I_0/2$;$i_{24} = i_{c2} + i_{c4} = I_0/2$。

5.2.3.3 动态分析

三极管工作于放大区时,根据 PN 结特性可知,当 $\alpha \approx 1$ 时,$i_c \approx i_e$;在小电流下,晶体管发射结的伏安特性可表示为

$$i_c \approx i_e = I_S\left(e^{\frac{u_{be}}{U_T}} - 1\right) \approx I_S e^{\frac{u_{be}}{U_T}} \tag{5-39}$$

式中,U_T 为温度电压当量,常温下其值约为 26mV。

差分对管 VT_1、VT_2 的集电极电流分别为

$$i_{c1} = I_S e^{\frac{u_{be1}}{U_T}}, \quad i_{c2} = I_S e^{\frac{u_{be2}}{U_T}} \tag{5-40}$$

由差分对管的特性可得

$$i_{c5} = i_{c1} + i_{c2} = i_{c1}\left(1 + \frac{i_{c2}}{i_{c1}}\right)$$

$$= i_{c1}\left(1 + e^{\frac{u_{be2} - u_{be1}}{U_T}}\right) = i_{c1}\left(1 + e^{-\frac{u_1}{U_T}}\right) \tag{5-41}$$

整理得

$$i_{c1} = \frac{i_{c5}}{1 + \dfrac{i_{c2}}{i_{c1}}} = \frac{i_{c5}}{1 + e^{-\frac{u_1}{U_T}}} \tag{5-42}$$

同理可得

$$i_{c2} = \frac{i_{c5}}{1 + \dfrac{i_{c1}}{i_{c2}}} = \frac{i_{c5}}{1 + e^{\frac{u_1}{U_T}}} \tag{5-43}$$

将式（5-42）和式（5-43）相减，可得

$$
\begin{aligned}
i_{c1} - i_{c2} &= i_{c5}\left(\frac{1}{1 + e^{-\frac{u_1}{U_T}}} - \frac{1}{1 + e^{\frac{u_1}{U_T}}}\right) \\
&= i_{c5}\left(\frac{e^{\frac{u_1}{2U_T}}}{e^{\frac{u_1}{2U_T}} + e^{-\frac{u_1}{2U_T}}} - \frac{e^{-\frac{u_1}{2U_T}}}{e^{-\frac{u_1}{2U_T}} + e^{\frac{u_1}{2U_T}}}\right) = i_{c5}\tanh\frac{u_1}{2U_T}
\end{aligned} \tag{5-44}
$$

式中，$\tanh\dfrac{u_1}{2U_T}$ 为双曲正切函数。

双曲正切函数的图形如图 5-37 所示。

同理可得差分对管 VT_4 和 VT_3、VT_5 和 VT_6 的集电极电流之差为

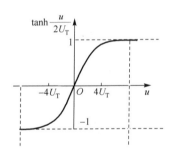

$$i_{c4} - i_{c3} = i_{c6}\tanh\frac{u_1}{2U_T}$$

$$i_{c5} - i_{c6} = I_0\tanh\frac{u_2}{2U_T}$$

图 5-37　双曲正切函数的图形

由图 5-36 可知，相乘器的输出电流差值为

$$i = i_{13} - i_{24} = (i_{c1} + i_{c3}) - (i_{c2} + i_{c4}) = (i_{c1} - i_{c2}) - (i_{c4} - i_{c3}) \tag{5-45}$$

故

$$i = (i_{c5} - i_{c6})\tanh\frac{u_1}{2U_T} = I_0\tanh\frac{u_1}{2U_T}\tanh\frac{u_2}{2U_T} \tag{5-46}$$

相乘器的输出电压为

$$
\begin{aligned}
u_o &= i(V_{cc} - i_{24}R_c)(V_{cc} - i_{13}R_c) \\
&= (i_{13} - i_{24})R_c = iR_c \\
&= I_0 R_c\tanh\frac{u_1}{2U_T}\tanh\frac{u_2}{2U_T}
\end{aligned} \tag{5-47}
$$

5.2.3.4　三种常用工作状态下的输出电流

输入大信号时，双曲正切函数波形与双向开关函数波形如图 5-38 所示。

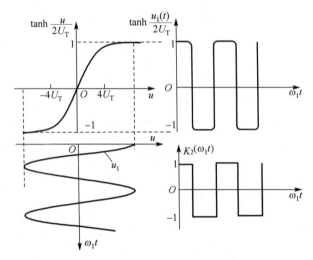

图 5-38　输入大信号时，双曲正切函数波形与双向开关函数波形

根据 $i = I_0 \tanh\dfrac{u_1}{2U_T}\tanh\dfrac{u_2}{2U_T}$ 和双曲函数的特点可知：

（1）小信号工作状态，即 $|u_1| \leqslant U_T$，$|u_2| \leqslant U_T$，这时 $u/(2U_T) \leqslant 0.5$，故 $\tanh\dfrac{u}{2U_T} \approx \dfrac{u}{2U_T}$，从而有 $i \approx I_0\dfrac{u_1 u_2}{4U_T^2}$，实现了理想相乘。

（2）线性时变工作状态，u_1 为任意值，$|u_2| \leqslant U_T$

$$i \approx \frac{I_0}{2U_T}u_2\tanh\frac{u_1}{2U_T} \tag{5-48}$$

当 $u_1 = U_{1m}\cos(\omega_1 t)$ 时，$\tanh\dfrac{u_1}{2U_T}$ 为时间的周期函数，可用傅里叶级数展开为 ω_1 奇次谐波分量之和，故输出频率分量中只含 ω_2 与 ω_1 奇次谐波分量的组合频率分量。

（3）开关工作状态，$|u_1| \geqslant 260\text{mV}$，$|u_2| \leqslant U_T$。当 $u_1 = U_{1m}\cos(\omega_1 t)$，且 $U_{1m} > 260\text{mV}$ 时，

$$\tanh\left[\frac{U_{1m}}{2U_T}\cos(\omega_1 t)\right] \approx K_2(\omega_1 t) \tag{5-49}$$

故有

$$i \approx \frac{I_0}{2U_T}u_2 K_2(\omega_1 t) \tag{5-50}$$

可见，输出频率分量中只含 ω_2 与 ω_1 奇次谐波分量的组合频率分量。

上述三种工作状态均要求 u_2 为小信号，这大大压缩了 u_2 的动态范围，通常可采用负反馈技术来扩展 u_2 的动态范围。

5.2.3.5　MC1496/1596 集成模拟相乘器

1. MC1496/1596 集成模拟相乘器的内部组成

利用双差分对模拟相乘器工作原理制作 MC1496/1596 集成模拟相乘器，其电路和引脚图如图 5-39 所示。

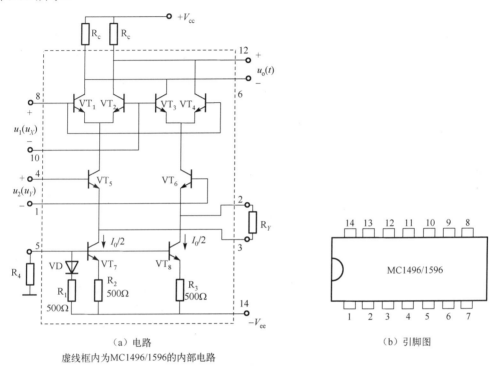

（a）电路
虚线框内为 MC1496/1596 的内部电路

（b）引脚图

图 5-39　MC1496/1596 集成模拟相乘器的电路和引脚图

在图 5-39（a）中，VD、R_1，VT_7、R_2，VT_8、R_3 和 R_4 组成多路电流源电路，R_4、VD、R_1 为电流源的基准电路，VT_7、VT_8 分别供给 VT_5、VT_6 管恒电流 $I_0/2$，调节外接电阻 R_4 的值可改变 $I_0/2$ 的大小。其中 R_c 是集电极外接负载电阻；R_Y 是 2 引脚与 3 引脚之间的外接负反馈电阻，用来扩展 u_2 的动态范围。

2. MC1496/1596 集成模拟电路分析

如图 5-39 所示，在 VT_5、VT_6 管的发射极之间跨接了负反馈电阻 R_Y，若电阻值 R_Y 远大于 VT_5 和 VT_6 管的发射结电阻值 r_e，则

$$i_{e5} \approx \frac{I_0}{2} + \frac{u_2}{R_Y}, \quad i_{e6} \approx \frac{I_0}{2} - \frac{u_2}{R_Y} \tag{5-51}$$

所以差分对管 VT_5、VT_6 管的输出差值电流为

$$i_{c5} - i_{c6} \approx i_{e5} - i_{e6} = 2u_2/R_Y$$

此时 MC1496/1596 集成模拟相乘器输出的差值电流为

$$i = (i_{c5} - i_{c6})\tanh\frac{u_1}{2U_T} = \frac{2u_2}{R_Y}\tanh\frac{u_1}{2U_T} \tag{5-52}$$

得到输出电压为

$$u_o = \frac{2u_2}{R_Y} R_c \tanh \frac{u_1}{2U_T} \tag{5-53}$$

u_2 的动态范围为 $-\left(\dfrac{I_0}{4}R_Y + U_T\right) \leqslant u_2 \leqslant \left(\dfrac{I_0}{4}R_Y + U_T\right)$，并且 $VT_1 \sim VT_6$ 管的基极均需外加偏置电压。

5.2.3.6　MC1595 集成模拟相乘器

MC1595 集成模拟相乘器在 MC1496 集成模拟相乘器基础上增加了与 u_Y 动态范围扩展电路类似的 u_X 动态范围扩展电路，构成了四象限相乘器，设定 1 引脚的电位，以保证各管工作于放大区。MC1595 集成模拟相乘器如图 5-40 所示，其引脚图如图 5-41 所示。

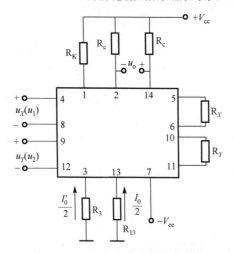

图 5-40　MC1595 集成模拟相乘器

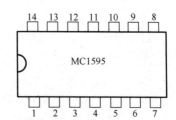

图 5-41　MC1595 集成模拟相乘器引脚图

其中，R_X、R_Y 为用以扩大 u_X、u_Y 动态范围的负反馈电阻。

$$-\frac{I_0'}{2}R_X < u_x < \frac{I_0'}{2}R_X, \quad -\frac{I_0}{2}R_Y < u_Y < \frac{I_0}{2}R_Y \tag{5-54}$$

相乘器的输出电压的表达式为

$$u_o = \frac{4R_c}{R_X R_Y I_0'} u_X u_Y = A_M u_X u_Y$$

式中，$A_M = \dfrac{4R_c}{R_X R_Y I_0'}$ 为相乘器的增益系数。

5.3　调 幅 电 路

5.3.1　概述

调幅电路按输出功率的高低，可分为高电平调幅电路和低电平调幅电路。

（1）低电平调幅：调制是在发送设备的低电平级中实现的，因为功率比较低，需要经线性功率放大器放大才能发射输出（工作于欠压区）。普通调幅、单边带调幅、双边带调幅三种调制方式都适用于低电平调幅。

主要要求：调制线性度好，双边带调幅、单边带调幅对载波的抑制能力要强，通常，对载波抑制能力的强弱用载漏表示。载漏等于边带分量/泄漏载波分量（dB），指输出泄漏载波分量低于边带分量的分贝数，数值越大载漏越小，对载波的抑制能力就越强。

（2）高电平调幅：将调制与功放二合一，调制后的信号不需放大就可以直接发送出去，这种调制主要用于产生普通调幅信号，许多广播发射机都采用这种调幅方式。高电平调幅电路必须兼顾输出功率、效率、调制线性度等要求，它的主要优点是整机效率高，不需要效率低的线性功率放大器。

5.3.2　低电平调幅电路

低电平调幅电路的主要用途是产生单边带和双边带，对电路的要求是调制线性度好、载漏小。

低电平调幅电路按相乘器类型不同主要分为两类：一类是二极管环形调幅电路；另一类是双差分对模拟相乘器调幅电路。

5.3.2.1　二极管环形调幅电路

电路中的相乘器采用二极管环形相乘器，二极管环形相乘器构成的调幅电路如图 5-42 所示，当 $U_{\Omega m} \ll U_{cm}$ 时，二极管工作在开关状态，产生的输出电流 i 为

$$i = \frac{4}{\pi} g_D U_{2m} \{\cos[(\omega_c + \omega_\Omega)t] + \cos[(\omega_c - \omega_\Omega)t]\} - \frac{4}{3\pi} g_D U_{2m} \{\cos[(3\omega_c + \omega_\Omega)t] - \cos[(3\omega_c - \omega_\Omega)t]\} + \cdots \tag{5-55}$$

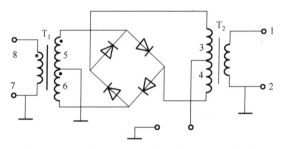

图 5-42　二极管环形相乘器构成的调幅电路

5.3.2.2　双差分对模拟相乘器调幅电路

电路中的相乘器采用双差分对模拟相乘器，双差分对模拟相乘器构成的调幅电路如图 5-43 所示。

1. 双差分对模拟相乘器调幅电路的组成

在双边带调幅过程中，通过调节载波调零电位器 R_P，可使载漏最小。R_Y 用来扩展 u_Ω 的线性动态范围。当电路未加信号时，电路中的静态值为

$$U_8 = U_{10} \approx 6\text{V}, \quad U_1 = U_4 \approx 0\text{V}, \quad U_2 = U_3 \approx -0.7\text{V}, \quad U_5 = -R_5 I_0 / 2 = -6.8\text{V},$$

$$U_6 = U_{12} = V_{\text{cc}} - R_{\text{c}} I_0 / 2 = 8.1\text{V} \tag{5-56}$$

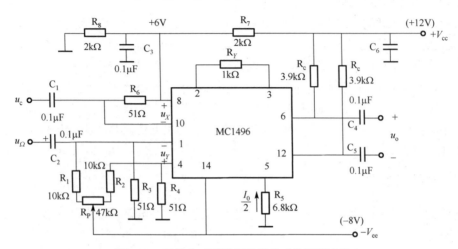

图 5-43 双差分对模拟相乘器构成的调幅电路

MC1496 集成模拟相乘器对直流电位的一般要求：

（1） $U_1 = U_4$ ，$U_8 = U_{10}$ ，$U_6 = U_{12}$ ；

（2） $U_{6(12)} - U_{8(10)} \geqslant 2\text{V}$ ，$U_{8(10)} - U_{4(1)} \geqslant 2.7\text{V}$ ，$U_{4(1)} - U_5 \geqslant 2.7\text{V}$ 。

2. 双差分对模拟相乘器调幅电路的工作原理

当 $U_{\text{cm}} \geqslant 260\text{mV}$ 时，相乘器工作在开关状态，$u_{\text{o}} = \dfrac{2R_{\text{c}}}{R_Y} u_{\Omega}(t) K_2(\omega_{\text{c}}t)$ ，所以输出信号展开后只含有 $(2n+1)\omega_{\text{c}} \pm \Omega$ 频率分量，易用带通滤波器去除。

电路在使用过程中需要注意，若实现的是双边带调幅，首先要将载漏调至最小。具体操作方法是，不接入 u_{Ω} ，只接入 u_{c} ，调节 R_P 让输出信号幅度最小。若实现的是普通调幅，需要将该电路中的 R_1 、R_2 的值改小，如 750Ω ，再调节 R_P 即可实现。

5.3.3 高电平调幅电路

高电平调幅电路主要用来产生普通调幅波。对电路的要求：输出功率要大、效率要高、调制线性度要好，输出不需要加功率放大器电路。

高电平调幅电路是用丙类谐振功率放大器实现的，高电平调幅电路可根据调制信号所加的电极不同分为基极调幅电路和集电极调幅电路。

其中，基极调幅电路的晶体管工作在欠压区，电路的效率较低，适用于小功率发射机。

集电极调幅电路，晶体管工作在过压区，这种类型的调幅电路效率高。下面分析这两种高频调幅电路的工作原理。

5.3.3.1 基极调幅电路的工作原理

载波信号 $u_{\text{c}}(t)$ 通过高频变压器 T_1 和 L_1 、C_1 构成的 L 形网络加到晶体管的基极，低频调制信号 $u_{\Omega}(t)$ 通过低频变压 T_2 加到晶体管的基极，C_2 为高频旁路电容，为载波信号提供通路，但对低频调制信号 $u_\Omega(t)$ 的容抗很大；C_3 为低频耦合电容，用来为低频调制信号 $u_\Omega(t)$ 提供通路。

设 $u_\Omega(t) = U_{\Omega m}\cos(\Omega t)$，$u_c(t) = U_{cm}\cos(\omega_c t)$，则 $u_{be}(t) = V_{bb} + U_{\Omega m}\cos(\Omega t) + U_{cm}\cos(\omega_c t)$。

由图 5-44 所示的基极调幅信号波形可知，在欠压区随着输入信号电压的变化，输出电流 i_c 与 u_{be} 呈线性关系，再经过谐振回路得到已调信号，图 5-45 所示为基极调幅电路。

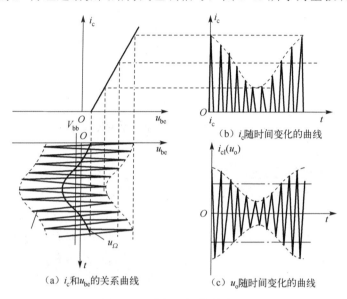

图 5-44 基极调幅信号波形

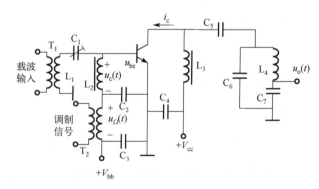

图 5-45 基极调幅电路

5.3.3.2 集电极调幅电路的工作原理

集电极调幅电路如图 5-46 所示，载波信号通过变压器耦合到晶体管的基极，低频调制信号 $u_\Omega(t)$ 通过低频变压器 T_2 加到晶体管的集电极，并于直流电源 V_{cc} 相串联，晶体管的集电极电压表示为 $u_{cc}(t) = V_{cc} + U_{\Omega m}\cos(\Omega t)$。根据谐振功率放大器的工作原理可知，在集电极特性中放大器工作在过压区，低频调制信号 $u_\Omega(t)$ 的变化与产生的输出电流 I_{c1m} 呈线性关系，放大器工作在过压区，才能使集电极脉冲电流的基波分量 I_{c1m} 随 $u_\Omega(t)$ 成正比变化，实现调幅。

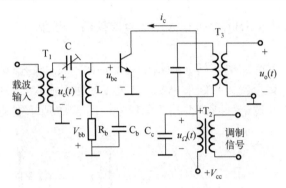

图 5-46　集电极调幅电路

5.4　振幅检波电路

从高频调幅信号中取出原调制信号的过程称为振幅解调，或振幅检波，简称检波。常用的振幅检波电路分为两类：包络检波电路和同步检波电路。

输出电压直接反映高频调幅包络变化规律的检波电路称为包络检波电路，它只适用于普通调幅信号的检波；同步检波电路主要用于解调双边带调幅信号和单边带调幅信号，它也能用于普通调幅信号的解调，但因它比包络检波复杂，所以很少被采用。同步检波电路对检波电路的要求：检波效率要高、失真要小、输入电阻要较高。

5.4.1　振幅检波的基本原理

振幅检波分为包络检波和同步检波。

5.4.1.1　包络检波

高频调幅信号的包络变化规律就是调制信号的变化规律，通过包络检波方式解调出调制信号称为包络检波。在三种调幅方式中，只有普通调幅的包络线能反映调制信号的变化规律，能够采用包络检波电路实现检波。

5.4.1.2　同步检波

同步检波采用和调制时载波同频、同相的同步信号，借助相乘器的频谱搬移功能，将调制时由低频搬移到高频的调制信号重新搬回来，三种调幅方式都可以采用这种方式检波，但同步检波通常用于解调双边带调幅信号和单边带调幅信号，其电路模型如图 5-47 所示。

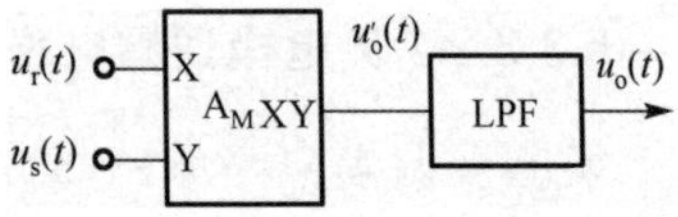

$u_r(t)$ 为与载波同频、同相的同步信号，$u_s(t)$ 为调幅信号。

同步检波电路的工作原理如下所述。

图 5-47　同步检波的电路模型

设 $u_s(t) = U_{sm}\cos(\Omega t)\cos(\omega_c t)$，$u_r(t) = U_{rm}\cos(\omega_c t)$，则

$$
\begin{aligned}
u_o'(t) &= A_M u_s(t) u_r(t) \\
&= A_M U_{sm} U_{rm} \cos(\Omega t) \cos^2(\omega_c t) \\
&= A_M U_{sm} U_{rm} \cos(\Omega t) \frac{1 + \cos(2\omega_c t)}{2}
\end{aligned}
$$

$$= \frac{1}{2} A_{\mathrm{M}} U_{\mathrm{sm}} U_{\mathrm{rm}} \cos(\Omega t) + \frac{1}{2} A_{\mathrm{M}} U_{\mathrm{sm}} U_{\mathrm{rm}} \cos(\Omega t) \cos(2\omega_{\mathrm{c}} t) \tag{5-57}$$

设低通滤波器通带增益为 1，则

$$u_{\mathrm{o}}(t) = \frac{1}{2} A_{\mathrm{M}} U_{\mathrm{sm}} U_{\mathrm{rm}} \cos(\Omega t) = U_{\mathrm{cm}} \cos(\Omega t) \tag{5-58}$$

解调频谱搬移波形如图 5-48 所示，从图中的频谱关系可以看出振幅解调过程。

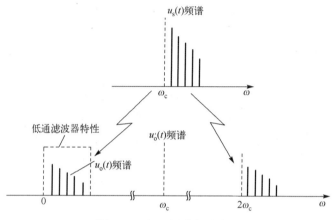

图 5-48　解调频谱搬移波形

5.4.2　二极管包络检波器

　　包络检波器可对普通调幅信号进行解调，但不能对双边带调幅信号、单边带调幅信号进行解调。若输入信号为高频等幅波，则检波器的输出电压为一直流电压；若输入信号为普通调幅信号，则输出电压等于输入调幅信号的包络。检波是指将调制信号的频谱线性地从载波频率两边搬回原位，检波的实质是频谱的线性搬移过程。检波输出电压直接反映高频调幅信号的包络变化规律，适用于普通调幅波的检波。

5.4.2.1　电路与工作原理

　　二极管包络检波器的电路包括两部分：由二极管构成的整流电路和由电容 C 构成的滤波电路，如图 5-49（a）所示。

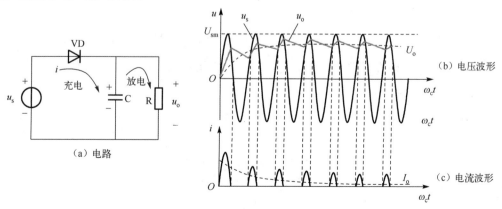

图 5-49　二极管包络检波器的电路及其检波波形

当输入交流信号经过二极管后，利用二极管的单向导电性，正半周期的信号导通，负半周期的信号截止，输出由交流电变成脉动的直流电。

输出的直流对电容进行充、放电，按照二极管 PN 结结构，当二极管的 $V_P>V_N$ 时，进行充电，充电时间常数 $\tau_充 = r_D C$，r_D 为二极管导通时的等效电阻，数值很小，所以充电很快；当二极管的 $V_P<V_N$ 时，电容上的电压通过负载 R 进行放电，放电时间常数 $\tau_放 = RC$，由于 R 较大，所以放电比较慢。

当满足 $U_{sm}>0.5\text{V}$，$RC \gg 1/\omega_c$，$R \gg r_D$ 时，可认为 U_{om} 接近 U_{sm}。因 $U_{sm}>0.5\text{V}$，二极管处于大信号工作状态，故称大信号检波器。

当输入信号的幅度增加或降低时，通过检波电路产生的输出电压 u_o 也随输入信号包络线近似成比例地升高或降低。当输入信号为调幅信号时，检波器输出电压 u_o 随调幅信号的包络线而变化，从而得到调制信号。由于输出电压 u_o 的大小接近输入电压的峰值，所以这种检波器称为峰值包络检波器，调幅波包络检波波形如图 5-50 所示。

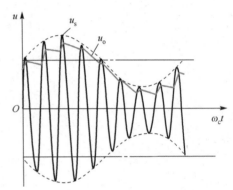

图 5-50　调幅波包络检波波形

从这个过程可以得出：

（1）检波过程就是信号源通过二极管给电容充电与电容对负载 R 放电的交替重复过程。二极管电流 i_D 包含平均分量（此种情况为直流分量）I_{av} 及高频分量。

（2）RC 时间常数远大于输入电压载波周期，放电慢，使得二极管负极永远处于正的较高的电位（因为输出电压接近于高频正弦波的峰值，即 $U_{om} \approx U_{sm}$）。该电压对二极管形成一个大的负电压，从而使二极管只在输入电压的峰值附近才导通。导通时间很短，电流通角 θ 很小，二极管电流是一窄脉冲序列，二极管两端电压 u_D 在大部分时间里为负值，只在输入电压峰值附近才为正值，这也是峰值包络检波名称的由来。

5.4.2.2　检波效率与输入电阻

输出的波形与理想的包络线并不重合，而是低于理想包络线，所以存在输出效率问题。

1. 检波效率 η_d

设 $u_s = U_{m0}[1 + m_a \cos(\Omega t)]\cos(\omega_c t)$，则

$$u_o = \eta_d U_{m0}[1 + m_a \cos(\Omega t)] = \eta_d U_{m0} + \eta_d m_a U_{m0} \cos(\Omega t) \tag{5-59}$$

即输出包括直流信号和解调输出信号，η_d 为检波电压传输系数，$\eta_d<1$，一般为 80%。

2. 输入电阻值 R_i

检波电路前面所接的电路等效为检波电路的信号源，对前面的信号源来说，检波电路是信号源的负载，负载的大小为 R_i，其数值大小为

$$R_i = \frac{\text{输入高频电压振幅}}{\text{二极管电流基波分量振幅}} \tag{5-60}$$

根据输入检波电路的高频功率近似等于检波负载获得功率，可得 $R_i \approx \dfrac{R}{2}$ 。

5.4.2.3　惰性失真与负峰切割失真

理想的检波器能够得到线性的调制信号，但在实际检波电路中，若检波电路中的元器件参数选择不合适将会出现解调失真，常见的失真类型有两种，分别是惰性失真和负峰切割失真。

1. 惰性失真

包络检波惰性失真波形如图 5-51 所示。

惰性失真又称对角失真，惰性失真产生的原因是 RC 的时间常数过大，放电过慢，使 C 上的电压不能跟随输入调幅波幅度下降及时放电，输出电压不能跟随调幅信号包络变化而变化将产生失真，称这种失真为惰性失真。

m_a 越大，包络线的最大值与最小值相差越大，惰性失真越严重；与包络线频率相关的 Ω 越大，越容易产生惰性失真。

减小惰性失真的措施是减小与放电时间相关的参量 R 和 C，使 $RC \leqslant \dfrac{\sqrt{1-m_a^2}}{m_a \Omega}$ ，当多频调制时，只要多频中的最大值满足 $RC \leqslant \dfrac{\sqrt{1-m_{a\,\max}^2}}{m_{a\,\max}\Omega_{\max}}$ ，就能保证电路避免惰性失真。

2. 负峰切割失真

负峰切割失真又称底部切割失真，检波器输出在一个直流电压上迭加了一个音频交流信号，即 $u_o(t) = U_o + u_\Omega(t)$ ，整流滤波输出波形如图 5-52 所示。

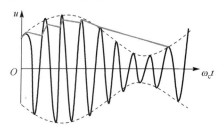
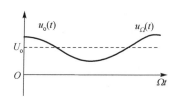

图 5-51　包络检波惰性失真波形　　　　图 5-52　整流滤波输出波形

而要得到交流的调制信号，需要在整流滤波后，能够通过隔直电容 C_c 解调出调制信号，包络检波电路如图 5-53 所示。在实际电路中，包络检波电路的输出端一般需要用隔直电容 C_c 与下级电路连接。

但如果检波电路的交流负载电阻值和直流负载电阻值相差太大，将会出现如图 5-54 所示的现象，包络线的负峰位置会被削平，形成负峰切割失真。

产生负峰切割失真的原因：C_c 的值很大，这样 U_o 中的直流分量几乎都落在 C_c 上，这个直流分量的大小近似为输入载波的振幅，即

$$U_o \approx U_{m0} \tag{5-61}$$

所以 C_c 等效为一个电压为 U_{m0} 的直流电压源，此电压源在 R 上的分压值为 U_{im} 的直流电压源，此电压源在 R_L 上的分压为

$$U_R = \frac{R}{R_L + R} U_{m0} \tag{5-62}$$

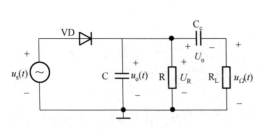

图 5-53 包络检波电路

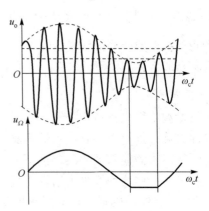

图 5-54 包络检波负峰切割失真波形

此电压反向加在二极管两端。产生负峰切割失真波形的原因如图 5-55 所示。

当输入调幅波的调制系数 m_a 较小时，U_R 的存在不会影响二极管的工作。

当调制系数 m_a 较大时，$U_{m0}(1-m_a) < U_R$，造成二极管截止，结果使得输出低频电压负峰被切割掉。

显然，R_L 愈小，R 上的分压值 U_R 愈大，这种失真愈易产生。另外，m_a 愈大，$(1-m_a)U_{m0}$ 愈小，这种失真也愈易产生。

由图 5-55 可见，为避免负峰切割失真的产生，必须使包络线的最小电平大于或等于 U_R，即满足

$$U_{m0}(1-m_a) \geqslant \frac{R}{R_L + R} U_{m0}$$

$$m_a \leqslant \frac{R_L}{R_L + R}$$

$$m_a \leqslant \frac{R_L}{R_L + R} = \frac{\dfrac{R_L R}{R_L + R}}{R} = \frac{R_L'}{R} \tag{5-63}$$

在通常情况下，C_c 的容量较大，对音频来说，可以认为短路。因此，检波器的交流负载阻抗是由 R 与 R_L 并联形成的，大小为 R_L'，那么 $R_L' = \dfrac{R_L R}{R_L + R}$，直流负载为 R。根据式（5-63）可得

$$m_a \leqslant \frac{\text{交流负载}}{\text{直流负载}} \tag{5-64}$$

由于检波电路输出端存在较大容量的耦合电容 C_c，使得检波电路的直流负载电阻值 R 与交流负载电阻值 $R_L' = \dfrac{R_L R}{R_L + R}$ 相差较大，导致解调电压负峰值附近被削平，R 越大，R_L 越小，m_a 越大，越容易出现负峰切割失真。

在实际电路中，为减小负峰切割失真，即减小交流负载和直流负载的差别，常把 R 分成 R_1 和 R_2，二极管检波器的改进电路如图 5-56 所示。取 $R_1 / R_2 = 0.1 \sim 0.2$，R_2 与电容 C_2 并联，进一步滤去残余的高频分量，当 $R = R_1 + R_2$ 维持定值时，R_1 越大，交、直流负载电阻值的差别越小，产生负峰切割失真的可能性越小。

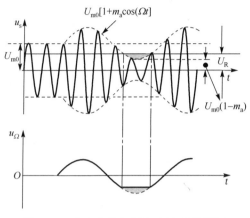
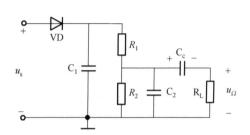

图 5-55　产生负峰切割失真波形的原因　　　图 5-56　二极管检波器的改进电路

5.4.2.4　二极管包络检波器的元件选择

二极管包络检波电路的功能是将普通调幅波中的包络线"剪"出来，如果参数选择不合适，常会出现两种失真：一种是放电过慢形成的惰性失真；另一种是经过整流、滤波得到的交、直流信号经过隔直电容后得到解调交流信号，交、直流等效电阻相差太大而出现的负峰切割失真。因此，除正确选择检波二极管外，最重要的是要合理选择 R 和 C。

1. 检波二极管的选择

为获取高效检波信号，需要二极管正向导通电阻和结电容都小，导通电压要低，可以选择点接触式的锗二极管。

2. R、C 的选择

若从提高检波效率、提高高频滤波能力方面考虑，通常要求 RC 值越大越好，工程上一般要求 $RC \geqslant \dfrac{5 \sim 10}{\omega_c}$。

但是，如果 RC 数值过大会出现惰性失真，所以要求 RC 值不能太大。

$$RC \leqslant \frac{\sqrt{1 - m_{a\,max}^2}}{m_{a\,max}\Omega_{max}} \tag{5-65}$$

所以 RC 的取值范围为

$$\frac{5 \sim 10}{\omega_c} \leqslant RC \leqslant \frac{\sqrt{1 - m_{a\,max}^2}}{m_{a\,max}\Omega_{max}} \tag{5-66}$$

从提供 R_i 考虑，因 $R_i = R/2$，所以要求 R 越大越好。$R \geqslant 2R_i$，但为了避免负峰切割失真，要求 R 尽可能小，根据 $m_a \leqslant \dfrac{R_L'}{R}$，要求 $R \leqslant \dfrac{1 - m_{a\,max}}{m_{a\,max}} R_L$，所以整个 R 的取值范围为

$$2R_i \leqslant R \leqslant \frac{1 - m_{a\,max}}{m_{a\,max}} R_L \qquad (5\text{-}67)$$

当 R 的取值范围确定后，再按照 RC 的乘积范围，确定 C 的大小，但为保证输入交流高频信号能加到二极管两端，要求电容不能太小，所以

$$C \geqslant 10 C_D \qquad (5\text{-}68)$$

在二极管检测器的改进电路中要求 $C_1 = C_2 = C/2$。

5.4.3 同步检波电路

调幅是指利用载波信号 $u_c(t)$，通过相乘器的线性频谱搬移，将低频搬至高频。解调也可以用与载波同频、同相的同步信号，把高频信号重新搬回去，这种实现振幅解调的方法称为同步检波，分为乘积型同步检波电路和叠加型同步检波电路两种。

5.4.3.1 乘积型同步检波电路

乘积型同步检波是指直接把本地载波与接收信号相乘，用低通滤波器将低频信号提取出来的过程。在这种检波过程中，要求本地载波与发端接收信号的载波同频、同相。如果其频率或相位有一定的偏差，将会使恢复出来的调制信号产生失真。乘积型同步检波适用于三种调幅波的检波，但通常用于解调双边带调幅波、单边带调幅波。

1. MC1496 乘积型同步检波

同步信号 $u_r(t)$ 从 MC1496 的 8 引脚、10 引脚输入，已调信号为 $u_s(t)$ 由 MC1496 的 1 引脚、4 引脚输入，$u_r(t)$ 是大信号，$u_s(t)$ 是小信号，整个相乘器处于开关工作状态，解调信号由 12 引脚单端输出，再经过 R_6、C_5、C_6 构成 π 形滤波器，选中低频调制信号，滤除高频无用信号，C_7 为隔直电容，输出得到交流低频调制信号，MC1496 乘积型同步检波电路如图 5-57 所示。

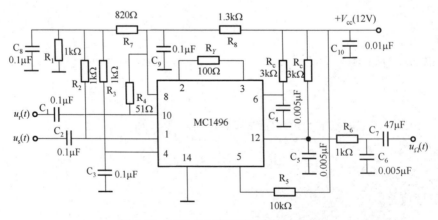

图 5-57 MC1496 乘积型同步检波电路

2. 二极管环形相乘器检波电路

利用二极管构成的环形相乘器实现频谱搬移，但考虑到输出的低频信号的变压器特性较差，常把输入高频同步信号 $u_r(t)$ 和高频调幅信号 $u_s(t)$ 分别从变压器 T_1 和 T_2 接入，将含有低

频分量的相乘输出信号从 T_1 和 T_2 的中心抽头处取出，输出经过低通滤波器检出原低频调制信号，二极管环形相乘器检波电路如图 5-58 所示。

5.4.3.2　叠加型同步检波电路

叠加型同步检波电路将需要解调的调幅信号与同步信号先进行叠加，叠加后的信号是普通调幅信号，然后利用二极管包络检波电路进行包络解调，解调出调制信号，其电路如图 5-59 所示。

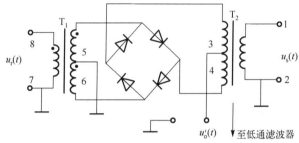

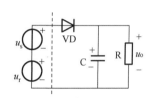

图 5-58　二极管环形相乘器检波电路　　　图 5-59　叠加型同步检波电路

1. 输入为双边带调幅信号

设已调信号为 $u_s(t) = U_{sm}\cos(\Omega t)\cos(\omega_c t)$，同步信号为 $u_r(t) = U_{rm}\cos(\omega_c t)$，则将这两个信号叠加后的信号为

$$
\begin{aligned}
u_i &= u_s + u_r = U_{rm}\cos(\omega_c t) + U_{sm}\cos(\Omega t)\cos(\omega_c t) \\
&= U_{rm}\left[1 + \frac{U_{sm}}{U_{rm}}\cos(\Omega t)\right]\cos(\omega_c t)
\end{aligned}
\tag{5-69}
$$

当 $U_{rm} > U_{sm}$ 时，有 $m_a = \dfrac{U_{sm}}{U_{rm}} < 1$，合成不失真的普通调幅波。

2. 输入为单边带调幅信号

以输入信号为上边带 $u_s = U_{sm}\cos[(\omega_c + \Omega)t]$ 为例，则

$$
\begin{aligned}
u_i &= u_s + u_r = U_{rm}\cos(\omega_c t) + U_{sm}\cos[(\omega_c + \Omega)t] \\
&= U_{rm}\cos(\omega_c t) + U_{sm}\cos(\omega_c t)\cos(\Omega t) - U_{sm}\sin(\omega_c t)\sin(\Omega t) \\
&= U_{rm}\left[1 + \frac{U_{sm}}{U_{rm}}\cos(\Omega t)\right]\cos(\omega_c t) - U_{sm}\sin(\Omega t)\sin(\omega_c t) \\
&= U_m\cos(\omega_c t + \phi)
\end{aligned}
\tag{5-70}
$$

式中，$U_m = \sqrt{[U_{rm} + U_{sm}\cos(\Omega t)]^2 + [U_{sm}\sin(\Omega t)]^2}$。

$$
\phi \approx -\arctan\left[\frac{U_{sm}\sin(\Omega t)}{U_{rm} + U_{sm}\cos(\Omega t)}\right]
\tag{5-71}
$$

当 $U_{rm} \gg U_{sm}$ 时，有

$$
U_m = \sqrt{[U_{rm} + U_{sm}\cos(\Omega t)]^2 + [U_{sm}\sin(\Omega t)]^2}
$$

$$= \sqrt{U_{rm}^2 + 2U_{rm}U_{sm}\cos(\Omega t) + U_{sm}^2\cos^2(\Omega t) + U_{sm}^2\sin^2(\Omega t)}$$

则

$$U_m = \sqrt{U_{rm}^2 + 2U_{rm}U_{sm}\cos(\Omega t) + U_{sm}^2} \approx U_{rm}\left[1 + \frac{U_{sm}}{U_{rm}}\cos(\Omega t)\right] \tag{5-72}$$

$$\phi \approx -\arctan\left[\frac{U_{sm}\sin(\Omega t)}{U_{rm} + U_{sm}\cos(\Omega t)}\right] \approx 0 \tag{5-73}$$

即

$$u_s = U_{rm}\left[1 + \frac{U_{sm}}{U_{rm}}\cos(\Omega t)\right]\cos(\omega_c t) \tag{5-74}$$

可见，无论是双边带调幅信号还是单边带调幅信号，与同步信号叠加后的合成电压是调幅调相波，当两者幅度相差较大（U_{rm} 大于 U_{sm}）时，合成电压近似为普通调幅波。合成电压振幅按两个输入信号的频差规律变化的现象称为差拍现象，为减少失真，消除偶次谐波成分，常采用平衡同步检波电路（见图 5-60）。

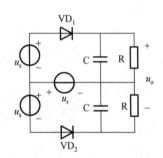

图 5-60　平衡同步检波电路

为了保证同步信号与发送端载波同频、同相，减小不必要的解调失真，采取的方法是，对双边带调幅信号两边取平方得到式（5-75），从中获得角频率为 $2\omega_c$ 的分量，经二分频器将 $2\omega_c$ 变换成角频率为 ω_c 的同步信号。

即对 $u_s = U_{sm}\cos(\Omega t)\cos(\omega_c t)$ 两边取平方得

$$u_s^2 = U_{sm}^2\cos^2(\Omega t)\cos^2(\omega_c t)$$

$$= U_{sm}^2\frac{1+\cos(2\Omega t)}{2}\frac{1+\cos(2\omega_c t)}{2} = \frac{U_{sm}^2}{4}[\cos(2\omega_c t) + \cdots] \tag{5-75}$$

对于单边带调幅信号，发射台在发送单边带调幅信号的同时，会发送一个功率远低于单边带调幅信号功率的载波信号，称为导频信号；接收端可用高选择性的窄带滤波器从输入信号中取出该导频信号，导频信号经放大后可作为载波信号；或发送端和接收端均采用频率稳定度很高的振荡电路，提供所需的同步信号。

5.5　混频电路

混频电路是超外差接收机的重要组成部分。目前，在高质量的通信设备中广泛采用二极管环形混频器和双差分对混频器，而在简易接收机中，还常采用简单的三极管混频电路。二极管环形混频器电路简单、噪声小，适用于微波混频，但混频增益小于 1；双差分对混频器易于集成化，有混频增益，但噪声较大。

5.5.1 混频基本原理

5.5.1.1 混频电路的作用

混频电路的作用是实现变频，混频原理示意图如图 5-61 所示。将已调信号的载频变成另一载频，变换后新载频已调波的调制类型和调制参数不变。

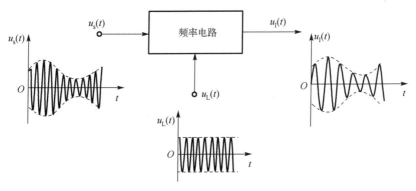

图 5-61 混频原理示意图

图中，$u_s(t)$ 是载频 f_c 的普通调幅信号电压；$u_L(t)$ 是本振信号电压，是由本地振荡器产生的、频率为 f_L 的等幅余弦信号电压；混频电路输出电压 $u_I(t)$ 是载频为 f_I 的已调信号电压，通常将 $u_I(t)$ 称为中频信号电压。

经过混频后，中频信号频率由本振信号频率和载波信号频率相加或相减得到，即 $f_I = f_c + f_L$ 或 $f_I = f_c - f_L$ 或 $f_I = f_L - f_c$，$f_I > f_c$ 的称为上混频，$f_I < f_c$ 的则称为下混频，对振幅解调电路中的下混频为中频，大小为 465kHz。

5.5.1.2 混频电路的组成模型与基本原理

混频电路的组成模型如图 5-62 所示，主要由相乘器和带通滤波器组成。

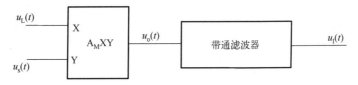

图 5-62 混频电路的组成模型

设输入信号为普通调幅波，$u_s(t) = [U_{cm} + k_a u_\Omega(t)]\cos(\omega_c t)$，本征信号为 $u_L(t) = U_{Lm}\cos(\omega_L t)$，则相乘器输出信号为

$$
\begin{aligned}
u_o(t) &= [U_{cm} + k_a u_\Omega(t)]\cos(\omega_c t) U_{Lm}\cos(\omega_L t) \\
&= \frac{U_{Lm}}{2}[U_{cm} + k_a u_\Omega(t)]\{\cos[(\omega_c + \omega_L)t] + \cos[(\omega_c - \omega_L)t]\}
\end{aligned}
\tag{5-76}
$$

设带通滤波器的通带增益为 1，且调谐在中频 $f_I = f_c - f_L$ 上，则中频输出信号为

$$
u_I(t) = \frac{U_{Lm}}{2}[U_{cm} + k_a u_\Omega(t)]\cos(\omega_I t)
\tag{5-77}
$$

5.5.1.3 混频电路的频谱图

混频器的作用是将已调波的频谱不失真地从 ω_c 搬移到中频 ω_I（$\omega_I = \omega_L - \omega_c$）的位置上，从这方面来说，混频电路是典型的频谱搬移电路，混频电路频谱搬移如图 5-63 所示。从图中看出，载波频率从 ω_c 变为 ω_L，将调幅波搬移到了 $\omega_L + \omega_c$ 和 $\omega_L - \omega_c$ 上。

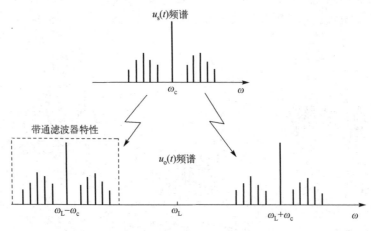

图 5-63　混频电路频谱搬移

5.5.2　混频器电路

5.5.2.1　二极管环形混频器

二极管环形混频器的工作频带宽，可达几吉赫兹，噪声系数低、混频失真小、动态范围大，但无混频增益，且要求本征信号大。二极管环形混频器电路如图 5-64 所示。

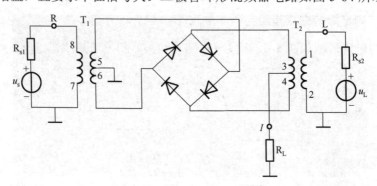

图 5-64　二极管环形混频器电路

要求本征信号功率足够大，而输入信号为小信号。实际应用时，二极管环形混频器组件各端口的匹配阻抗均为 50Ω，各端口都必须接入滤波匹配网络，分别实现混频器与输入信号源、本振信号源、输出负载之间的阻抗匹配。

5.5.2.2　双差分对混频器

双差分对混频器混频增益大，输出频谱纯净，混频干扰小，对本征电压的大小无严格要求，端口间隔离度高，由于晶体管的原因，噪声系数比较大。MC1496 构成的混频电路如图 5-65 所示。

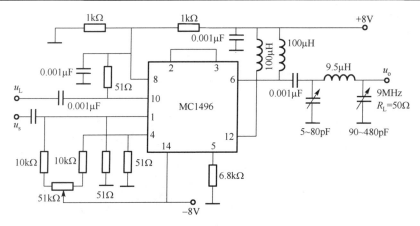

图 5-65　MC1496 构成的混频电路

本振信号 u_L 由 8 引脚、10 引脚输入相乘器，已调信号 u_s 由 1 引脚、4 引脚输入，经过混频后得到中频，频率为 9MHz，再经过 π 形滤波器选中中频已调信号，滤除高频信号。

5.5.3　三极管混频电路

5.5.3.1　三极管混频电路概述

三极管混频电路原理如图 5-66 所示，对基极回路用基尔霍夫电压定律得：$u_{be} = U_{bb} + u_L + u_c$，$u_L$ 为大信号，u_c 为小信号，$U_{Lm} \gg U_{cm}$ 时三极管工作在线性时变工作状态。调制信号与本振信号利用三极管的非线性产生新的频率即和频 $f_L + f_c$ 与差频 $f_L - f_c$，再通过谐振电路选频功能得到差频 $f_L - f_c = f_I$ 实现混频功能。

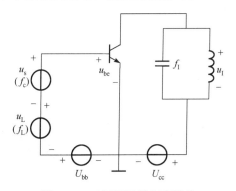

图 5-66　三极管混频电路原理

三极管混频电路工作原理：利用三极管的非线性，$U_{bb} + u_L$ 为时变偏压，u_s 为线性时变工作状态。通过集电极产生组合频率 $f_I = f_L - f_c$、$f_I = f_L + f_c$。若三极管转移特性曲线为平方律关系，失真度和无用组合分量将减小。

图 5-67 所示为超外差调幅收音机变频电路，混频电路与振荡电路共用同一个三极管，得到的中频为 465kHz。

由 L_1、C_0、C_{1a} 组成的输入回路，从天线接收到的无线电波信号中，筛选出所需的频率信号（选台），再通过 L_1、L_2 互感耦合加到三极管的基极。

本地振荡部分由振荡回路和反馈线圈 L_3 组成，振荡回路由三极管、L_4、C_5、C_3、C_{1b} 组成。输出中频回路由 C_4、L_5 组成，并对本振频率严重失谐，可认为短路，基极旁路电容 C_1 容抗很小，加上 L_2 电感量很小，对本振频率呈现的感抗也可忽略，因此可利用交流通路判定振荡电路为变压器反馈振荡器。在整个三极管混频电路中，调制信号通过变压器耦合到三极管的发射极，振荡反馈信号由三极管的发射极输入，所以三极管混频电路又称为发射极注入、基极输入式变频电路。

反馈线圈 L_3 的电感量很小，可认为对中频短路，这样，变压器的负载仍可认为由中频回路组成；对输入的高频信号来说，本振回路的阻抗很小，且发射极部分接在电路中，相当于接地；电阻 R_4 对信号具有负反馈作用，能够提高回路的选择性和抑制交叉调制干扰。

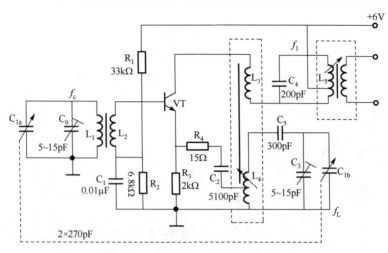

图 5-67 超外差调幅收音机变频电路

为满足 $f_1 = f_L - f_c = 465kHz$，使用双连电容 C_{1a}、C_{1b} 为统调电容，并增加了垫衬电容 C_5 和补偿电容 C_3、C_0 进行统调，通过调制这些电容的参数，让本振回路中的频率 f_L 随 f_c 的变化而变化，但 $f_L - f_c$ 的值保持不变。

5.5.3.2 双栅 CMOS 场效管混频电路

双栅 CMOS 场效应管混频电路如图 5-68 所示。将双栅场效应管用两个级联场效应管表示，双栅 CMOS 场效应管等效电路如图 5-68（b）所示，图中 $i_D = i_{D1} = i_{D2}$，i_{D1} 受 u_s 的控制，i_{D2} 受 u_L 的控制，即双栅 CMOS 场效应管的漏极电流 i_D 同时受到 u_s、u_L 的控制，当 u_L 为大信号，u_s 为小信号时，场效应管工作在线性时变状态，从而实现了混频作用。

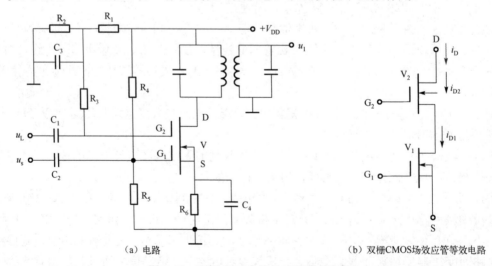

（a）电路　　　　　　　　　　　　　（b）双栅 CMOS 场效应管等效电路

图 5-68 双栅 CMOS 场效应管混频电路

G_1 为调制输入，G_2 为本振输入，$+V_{DD}$ 通过 R_1、R_2 分压偏置电路为 G_2 提供正向偏置电压；$+V_{DD}$ 通过 R_4、R_5 分压偏置电路为 G_1 提供正向偏置电压；R_6、C_4 组成自给偏转电路。

场效应管的转移特性具有二次特性，与三极管相比，双栅 CMOS 场效应管混频电路输出信号中的组合频率分量要小，同时动态范围大，工作频率高。

5.5.4　混频干扰

混频器采用非线性器件来产生新的频率分量，而在产生有用信号的同时也会产生大量无用信号，这些信号统称为干扰信号：非线性器件能产生的新的频率组合有以下情况：输入信号与本振信号之间、干扰信号与本振信号之间、干扰信号与信号之间，以及干扰信号之间，经非线性器件相互作用会产生很多新的频率分量。在接收机中，若这些干扰信号的频率等于或接近于中频，就能够顺利地通过中频选频、中频放大器，再经解调后，在输出级产生除有用信号以外的其他信号，如引起串音、啸叫及各种干扰，因此会影响有用信号的正常接收。混频干扰是混频电路的重要问题，使用时要注意采用必要措施选择合适的电路和工作状态，尽量减小混频干扰。下面我们分析一下常见的混频干扰。

5.5.4.1　输入信号与本振信号产生的组合频率干扰

若本振信号频率 f_L 与有用信号频率 f_c 形成的组合频率，满足 $|\pm pf_L \pm qf_c| \approx f_I$，就会形成干扰。当 $p = q = 1$ 时，可得中频 $f_I = f_L - f_c$。除此以外的组合频率分量均为无用分量，当其中的某些频率分量接近于中频，并落入中频通频带范围内时，就能与有用中频信号一道顺利地通过中频放大器进入检波器，并与有用中频信号在检波器中产生差拍，形成低频干扰，使得收听者在听到有用信号的同时还听到差拍哨声，这种组合频率干扰也称为哨声干扰。当转动接收机调谐旋钮时，哨声音调也跟随变化，这是哨声干扰区分其他干扰的标志。

5.5.4.2　干扰信号与本振信号产生的组合频率干扰

若本振信号频率 f_L 与干扰信号频率 f_N 形成的组合频率，满足 $|\pm pf_L \pm qf_N| \approx f_I$，就会形成干扰，通常把它称为寄生通道干扰。

其中，p、q 分别为本振信号频率 f_L 和干扰信号频率 f_N 的谐波次数，它们为任意正整数，绝对值符号表示在任何情况下，频率不可能为负值。中频干扰和镜像干扰是寄生通道干扰的特例，它们分别对应于 $p = 0$、$q = 1$ 和 $p = 1$、$q = 1$ 的情况。

1. 中频干扰

当 $p = 0$、$q = 1$，即 $f_N = f_I$ 时，由于混频器前端电路的选择性不够好，因此使得频率等于或接近于中频的干扰信号加到混频器的输入端，经混频器和中频放大器放大后输出，形成干扰，称为中频干扰。如果中频干扰信号是调幅信号，经检波后也可能会听到干扰信号的原调制信号。情况严重时，干扰甚强，接收机将不能辨别出有用信号。为了抑制中频干扰，应该提高混频器前端电路的选择性或在前级增加一个中频滤波器，亦称中频陷波器。

2. 镜像干扰

当 $p = 1$、$q = 1$，即干扰信号频率 $f_N = f_c + f_I$ 时，干扰信号经过前级电路而到达混频器的输入端，经混频后变为中频信号并通过中频放大器放大后输出，形成干扰。由于 f_N 与 f_c 以 f_L 为轴形成镜像对称关系，所以把这种干扰称为镜像干扰，镜像干扰关系如图 5-69 所示，抑制镜像干扰的主要方法是提高前级电路的选择性。

注意：凡能加到混频器输入端的干扰信号，均可以在混频器中与本振信号产生混频作用。

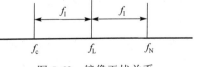

图 5-69　镜像干扰关系

5.5.4.3　交叉调制干扰和互相调制干扰

1.　交叉调制干扰

若接收机前端电路的选择性不够好，使有用信号和干扰信号同时加到混频器的输入端，若这两个信号均为调幅波，则通过混频器的非线性作用，就可能产生交叉调制干扰（简称交调干扰），其现象：当接收机对有用信号频率调谐时，在输出端不仅可收听到有用信号台的声音，同时还会清楚地听到干扰台的调制声音；若接收机对有用信号频率失谐，则干扰台的调制声也随之减弱，并随着有用信号的消失而消失，就像干扰台声音调制在有用信号的载频上，故称其为交叉调制干扰。

交叉调制干扰是由混频器非线性特性的高次方项引起的。交叉调制干扰的产生与干扰台的频率无关，任何频率较强的干扰信号加到混频器的输入端，都有可能形成交叉调制干扰，只有当干扰信号频率与有用信号频率相差较大，受前端电路较强的抑制时，形成的干扰才比较弱。

抑制交叉调制干扰的主要措施如下：

（1）提高混频器前端电路的选择性，尽量减小干扰信号的幅度，这是抑制交叉调制干扰的有效措施。

（2）选用合适的器件和合适的工作状态，使混频器的非线性高次方项尽可能减小。

（3）采用抗干扰能力较强的平衡混频器和模拟相乘器混频电路。

2.　互相调制干扰

两个（或多个）干扰信号，同时加到混频器输入端，由于混频器的非线性作用，两个（或多个）干扰信号与本振信号相互混频，产生的组合频率分量若接近于中频，干扰信号就能很顺利地通过中频放大器，经检波器检波后产生干扰。把这种与两个（或多个）干扰信号有关的干扰，称为互相调制干扰（简称互调干扰）。

例 5-2　已知接收机的接收频率为 1200kHz，本振频率 $f_L = 1665$kHz，中频为 465kHz，另有频率分别为 1190kHz 和 1180kHz 的两个干扰信号也加到混频器的输入端，能否形成干扰？是哪种类型的干扰？

解：经过混频可获得组合频率为 $[1665-(2\times1190-1180)]$kHz $= (1665-1200)$kHz $= 465$kHz，恰为中频，因此频率分别为 1190kHz 和 1180kHz 的两个干扰信号可经过中频放大器而形成干扰。

所以互相调制干扰也可看成两个（或多个）干扰信号彼此混频，产生接近于接收的有用信号频率的组合频率分量[如 $(2\times1190-1180)$kHz $= 1200$kHz]而形成的干扰。减小互相调制干扰的措施与抑制交叉调制干扰的措施相同。

5.5.5　参量电路

利用非线性电抗器件同样可以组成各种电路来实现放大和频率变换功能，通常把这类电路称为参量电路。

因为理想非线性电抗器件（即纯电抗器件，本身不具有损耗）在工作时既不消耗功率，也不产生噪声，所以参量电路具有效率高、噪声低等优点。

非线性电抗器件有非线性电容器件和非线性电感器件两大类，属于前者的常用器件是变容二极管，属于后者的常用器件是铁氧体等器件。采用变容二极管的参量电路具有结构简单、工作频率高等优点，它广泛应用于微波多路通信、卫星通信地面站、雷达设备等。

5.5.5.1　变容二极管的非线性电容特性

PN 结具有结电容，且结电容的大小随加在 PN 结上电压的大小而变，利用这一特性制成的二极管称为变容二极管，简称变容管。变容管的伏安特性与一般半导体二极管没有什么区别，所不同的是变容管的结电容能够灵敏地随着反向偏置电压的变化而变化。

图 5-70 所示为变容管的结电容 C_j 与外加电压 u 的典型关系曲线和变容二极管电路符号。

PN 结结电容包括势垒电容和扩散电容，但 PN 结在反向偏置时，扩散电容很小可略去，PN 结结电容就等于势垒电容。这样，当反向电压增大时，阻挡层变宽、结电容减小；当反向电压减小时，阻挡层变窄、结电容增大，变容管结电容 C_j 与偏置电压 u 之间的关系为

$$C_j = \frac{C_{j0}}{\left(1 - \dfrac{u}{U_B}\right)^{\gamma}} \tag{5-78}$$

式中，C_{j0} 为当 $u = 0$ 时的结电容；U_B 为 PN 结的势垒电位差，硅材料的 $U_B = 0.4 \sim 0.6\text{V}$；$\gamma$ 值接近于 1/3，为提高 γ 的值，可采用特殊工艺制成一种 PN 结，称为超突变结，其 γ 值在 1/2～6，主要用在调频电路中。

在变容管两端加上偏压 U_Q 和正弦波 $U_m \sin(\omega t)$ 后，变容管结电压 C_j 随交流电压变化的非线性波形如图 5-71 所示。流过变容管结电容 C_j 的电流 i 不再是正弦波而含有许多谐波分量，故利用变容管可实现倍频和混频；反之，若流过变容管的电流为正弦波，加在变容管上的电压必为非正弦波电压。

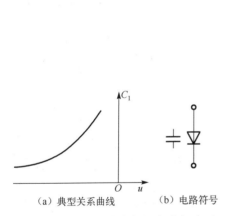

（a）典型关系曲线　　（b）电路符号

图 5-70　变容管的结电容 C_j 与外加电压 u 的典型关系曲线和变容二极管电路符号

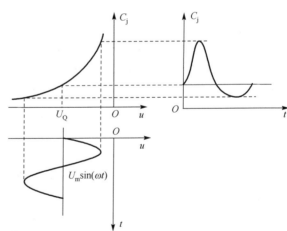

图 5-71　变容管结电压 C_j 随交流电压变化的非线性波形

5.5.5.2　参量混频电路

由变容管构成的参量混频电路如图 5-72 所示。

u_L 为本振信号源，L_L、C_L、C_j 组成本振回路，本振频率为 f_L，u_s 为输入信号源，L_s、C_s、C_j 组成信号回路，谐振在信号频率 f_c 上，L_I、C_I、C_j 组成中频回路，谐振在中频 f_I 上，负载 R_L 接在中频电路中，取中频上边带 $f_I = f_c + f_L$ 时，和频称为上边带混频，取下边带 $f_I = f_c - f_L$ 时，差频称为下边带混频。

　　在 u_s 和 u_L 产生的信号电流和本振信号电流的共同激励下,变容管两端产生和频(或差频)电压,经中频回路的选取后, 在负载 R_L 上获得中频信号输出。

　　三个频率的回路均采用串、并联谐振回路组成的复杂网络,其中信号回路和本振回路分别通过电感线圈抽头各自与输入电压源连接,以便通过调整抽头来实现各端口的阻抗匹配,中频回路则通过变压器与输出负载 R_L 连接,与 U_Q 相连的 L、C 组成静态偏置的滤波电路。

5.5.5.3　参量倍频电路

　　采用变容管可构成参量倍频电路,具有比丙类倍频器更高的倍频效率,能在较高的频率和较大的功率电平下工作。

　　参量倍频电路的原理图如图 5-73 所示。

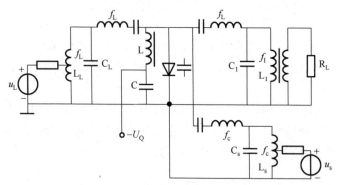 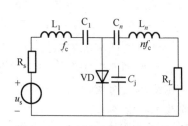

图 5-72　由变容管构成的参量混频电路　　　　　　　图 5-73　参量倍频电路的原理图

　　L_1、C_1 谐振在输入信号频率 f_c 上,L_n、C_n 谐振于 n 次谐波频率 nf_c 上。由信号源 u_s 产生的正弦波电流激励变容管,使变容管的两端电压产生畸变,该电压中的 nf_c 分量经谐振回路 L_n、C_n 选取后,在负载 R_L 上获得 n 倍信号输出,变容管可看成一个谐波电压发生器。

难 点 释 疑

　　本章的难点有二,分别是振幅调制(简称调幅)的基本原理和相乘器,它们对应着理论和实践。

　　调幅的基本原理是用调制信号(基带信号)去控制载波信号的振幅,调制信号和载波信号通过相乘器实现振幅的调制,调制的结果是得到调制信号的频率和载波信号的频率的和与差,也就是和频信号和差频信号,可以结合交通工具载人的案例进行理解。

　　调幅有普通调幅、单边带调幅和双边带调幅三种方式。普通调幅信号频谱含有载频分量、上边带分量和下边带分量,其中,上、下边带频谱结构反映调制信号频谱结构(下边带频谱与调制信号频谱呈倒置关系),其振幅在载波振幅 U_{cm} 上、下按调制信号 $u_\Omega(t)$ 的规律变化,即已调波的包络直接反映调制信号的变化规律;双边带调幅信号频谱含有上边带分量和下边带分量,没有载频分量。其振幅在零值上、下按调制信号的规律变化,当 $u_\Omega(t)$ 自正值或负值通过零值变化时,调幅信号波形均将发生180°的相位突变,其包络线已不再反映原调制信号的形状。单边带调幅信号频谱含有上边带分量或下边带分量,已调幅信号波形的包络线也不直接反映调制信号的变化规律。单边带调幅信号一般由双边带调幅信号除去一个边带而获得，采用的方法有滤波法和移相法。

　　相乘器是频谱搬移电路的重要组成部分，主要包括二极管平衡相乘器和双差分对模拟相乘器。二极管和三极管的非线性体现在具有频率变换作用上，在线性时变状态和开关状态中实现频率变换。混频器也是相乘器，主要实现载波信号频率的变化。振幅调制和解调都通过相乘器实现频率的变换，即都实现了信号频率的和与差。

本 章 小 结

　　调幅是指用调制信号去改变高频载波振幅的过程，而从调幅信号中还原调制信号的过程称为振幅解调，也称振幅检波；解调之前把调幅信号的载频变为另一载频的过程称为混频。

　　振幅调制、解调及混频电路都属于频谱搬移电路，用相乘器和滤波器组成的电路来实现。相乘器的作用是将调制信号频率不失真地搬移到载波信号频率两边，再通过滤波器选取有用频率分量，抑制掉无用分量。检波电路实际上仍采用相乘器电路，它的输入信号是高频调幅信号（又称本振信号），需要与已调信号的载波同频、同相的等幅同步信号来实现频谱搬移，实现低频调制信号的解调。混频电路的输入信号为高频调幅信号，需要等幅的本振信号，将调制信号由高频搬到中频载波上。

　　调幅方式有三种，分别是普通调幅、双边带调幅和单边带调幅，它们之间的区别可以用表达式中所含频率分量的不同来区分。

　　普通调幅信号频谱含有载频分量、上边带分量和下边带分量，其中，上、下边带频谱结构反映调制信号的频谱结构（下边带频谱与调制信号频谱呈倒置关系），普通调幅信号的波形图中振幅变化的包络线分为上包络和下包络，上包络变化的规律即调制信号的变化规律，也就是说，包络线能够直接反映调制信号的变化规律。

　　双边带调幅信号频谱含有上边带分量和下边带分量，没有载频分量，其振幅包络线不再反映调制信号的变化规律，但波形在过零点（突变点）时，载波信号发生反相，这就意味着包络线在经过突变点后也要反相，与原调制信号变化规则一致。

　　单边带调幅信号频谱含有上边带分量或下边带分量，单边带调幅信号波形的包络线和调制信号无任何关系。单边带调幅信号往往由双边带调幅信号除去一个边带而获得，具体方法有滤波法和移相法。

　　非线性器件具有频率变换作用，其频率变换特性与输入信号的大小范围有关，但频率变换会影响器件的工作状态，非线性器件的工作状态有线性时变工作状态和开关工作状态两种，这些状态会大大减少一些无用组合频率分量，提高电路的相乘功能。

　　相乘器是频谱搬移电路的重要组成部分，目前在通信设备和其他电子设备中广泛采用由二极管构成的环形相乘器和由三极管构成的双差分对模拟相乘器，它们能够获得比较理想的相乘效果。

　　调幅电路按输出电平高低分为低电平调幅电路和高电平调幅电路。低电平调幅主要用来实现双边带调幅和单边带调幅，广泛采用二极管环形相乘器和三极管双差分对模拟相乘器。在高电平级实现的调幅称为高电平调幅，利用丙类谐振功率放大器的集电极特性、基极特性产生大功率的普通调幅信号。

　　常用的振幅检波电路主要有二极管包络检波电路和同步检波电路。普通调幅信号的包络线变化能直接反映调制信号的变化规律，所以普通调幅信号解调可采用简单的二极管包络检波电路。因为单边带调幅信号和双边带调幅信号中不含有载波信号，包络线无法反映调制信号的变化规律，所以必须采用同步检波电路，借助相乘器的频谱搬移功能，将调制信号重新搬回到低频位置。

　　混频电路有二极管环形混频器电路、三极管混频器电路和双差分对混频器电路，目前高质量的通信设备中广泛采用二极管环形混频器和双差分对混频器，二极管环形混频器电路简单、噪声小，适用于微波混频，但混频增益小于 1；双差分对混频器易于集成化，有混频增益，但噪声较大。因为混频之后要进行放大，所以在放大前，混频干扰是混频电路的重要问题，使用时要注意采用必要措施，提高电路的选择性，选择合适的电路和工作状态，尽量减小混频干扰。

思考与练习

　　1．分析普通调幅信号、双边带调幅信号与单边带调幅信号之间的区别。

　　2．论述普通调幅信号、双边带调幅信号与单边带调幅信号产生的方法。

　　3．简述非线性器件的线性时变工作状态和开关工作状态各自的特点。

　　4．若非线性器件的伏安特性为 $i = a_1 u + a_2 u^3$，这些器件能否实现调幅功能？并分析原因。

　　5．根据输入信号的大小，分析双差分对模拟相乘器在小信号、线性时变工作状态、开关工作状态三种情况下的特点。

　　6．高电平调幅电路与低电平调幅电路有何区别？各自的特点是什么？

　　7．在高电平调幅电路中，基极调幅电路放大器工作在什么状态？集电极调幅电路放大器工作在什么状态？为什么？

　　8．振幅检波电路有哪些基本要求？

　　9．同步检波电路和包络检波电路有何区别？各自有何特点？

　　10．包络检波常见的失真有哪些？如何避免这些失真？

　　11．混频干扰主要有哪些？它们产生的原因是什么？

　　12．已知调制信号 $u_\Omega(t) = 2\cos(2\pi \times 500t)\text{V}$，载波信号 $u_c(t) = 4\cos(2\pi \times 10^5 t)\text{V}$，令比例常数 $k_a = 1$，试写出调幅波的表达式，求出调幅系数及带宽，画出调幅信号的波形图及频谱图。

　　13．已知调幅信号 $u_o = [1 + \cos(2\pi \times 100t)]\cos(2\pi \times 10^5 t)\text{V}$，试画出它的波形图和频谱图，求出带宽 BW。

　　14．已知调制信号 $u_\Omega = [2\cos(2\pi \times 2 \times 10^3 t) + 3\cos(2\pi \times 300t)]\text{V}$，载波信号 $u_c = 5\cos(2\pi \times 5 \times 10^5 t)\text{V}$，$k_a = 1$，试写出调幅波的表达式，画出频谱图，求出带宽 BW。

　　15．已知调幅波的表达式 $u(t) = [20 + 12\cos(2\pi \times 500t)]\cos(2\pi \times 10^6 t)\text{V}$，试求该调幅波的载波振幅 U_{cm}、调频信号频率 F、调幅系数 m_a 和带宽 BW 的值。

　　16．已知调幅波的表达式 $u(t) = \{5\cos(2\pi \times 10^6 t) + \cos[2\pi(10^6 + 5 \times 10^3)t] + \cos[2\pi(10^6 - 5 \times 10^3)t]\}\text{V}$，试求出调幅系数及带宽，画出调幅信号的波形图和频谱图。

　　17．已知调幅波的表达式 $u(t) = [2 + \cos(2\pi \times 100t)]\cos(2\pi \times 10^4 t)\text{V}$，试画出它的波形图和频谱图，求出带宽。若已知 $R_L = 1\Omega$，试求载波功率、边带功率、调幅波在调制信号一周期内的平均总功率。

18. 已知 $u(t) = \{\cos(2\pi \times 10^6 t) + 0.2\cos[2\pi(10^6 + 10^3)t] + 0.2\cos[2\pi \times (10^6 - 10^3)t]\}$V，试画出它的波形图及频谱图。

19. 已知调幅信号的频谱图和波形图如图 5-74（a）、（b）所示，试分别写出它们的表达式。

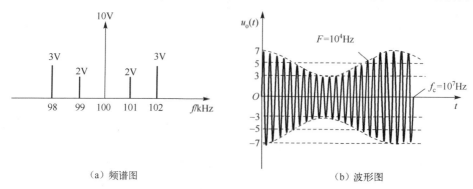

(a) 频谱图　　　　　　　　　　　(b) 波形图

图 5-74　调幅信号的频谱图与波形图

20. 已知调幅信号 $u_\Omega(t) = [3\cos(2\pi \times 3.4 \times 10^3 t) + 1.5\cos(2\pi \times 300t)]$V，载波信号 $u_c(t) = 6\cos(2\pi \times 5 \times 10^6 t)$V，相乘器的增益系数 $A_M = 0.1\text{V}^{-1}$，试画出输出调幅信号的频谱图。

21. 在图 5-75 所示的电路中，已知 $f_{c1} = 100\text{kHz}$，$f_{c2} = 26\text{MHz}$，调制信号 $u_\Omega(t)$ 的频率范围为 $0.1 \sim 3\text{kHz}$，试画图说明其频谱搬移过程。

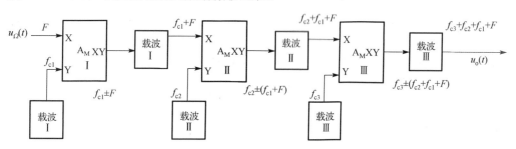

图 5-75　单边带滤波法

22. 已知超外差式广播收音机的中频为 $f_I = f_L = f_c = 465\text{kHz}$，试分析下列两种现象属于何种干扰：①当电台接收频率为 $f_c = 560\text{kHz}$ 的电台信号时，还能听到频率为 1490kHz 的强电台信号；②当电台接收频率为 $f_c = 1460\text{kHz}$ 的电台信号时，还能听到频率为 730kHz 的强电台信号。

第6章　角度调制与解调电路

内容提要

　　用低频调制信号去改变载波信号的频率或相位，而实现的调制，称为调频（FM）、调相（PM）。调频——用待传输的低频调制信号去控制高频载波信号的频率；调相——用待传输的低频信号去控制高频载波信号的相位发生规则性变化。调频和调相都会使载波信号的瞬时相位发生改变，统称为角度调制。角度调制是指用调制信号控制载波的频率或相位，使频率或相位的变化量随调制信号呈线性变化。所不同的：调频使载波信号的频率随调制信号线性变化，而调相则使载波信号的相位随调制信号线性变化。

　　相应的解调就是指从高频已调信号中重新还原出原调制信号。调频的解调称为鉴频；调相的解调称为鉴相。角度调制电路并不是调幅电路的线性搬移，经调制后的频谱不再反映原调制信号，属于频谱的非线性变换电路。

　　在模拟通信系统中，调频比调相应用更为广泛，在数字通信系统中，调相比调频应用广泛。

学习目标

　　掌握调频/调相的定义、数学表达式及其相关参数。
　　熟悉瞬时角频率、瞬时相位、调角信号的频谱及带宽等基本概念及基本计算。
　　掌握变容二极管直接调频电路与间接调频的基本电路。
　　了解调频波解调的基本原理。
　　了解斜率鉴频器、相位鉴频器等的电路及工作原理。

思政剖析

　　频率变换电路的"变"与"不变"，是指频率在原来载波频率的基础上进行变化或不变化，这个基础必须稳固，而产生的变化在这个基础上进行提升或降低。我们的人生会受到条件、环境、外界各种因素的影响，我们可能有所收获，整体提升；也可能让我们情绪低落，产生负面影响；起起伏伏的人生过程是正常的，只要我们不忘初心、牢记使命，就能有所得。

6.1　调角信号的基本特性

章节要求

　　掌握瞬时角频率与瞬时相位的关系；掌握调频信号和调相信号的概念、异同和关系；掌握调频信号和调相信号的典型表达式、主要参数和波形特点；了解调角信号的频谱，理解其带宽。

6.1.1　调角信号的时域特性

6.1.1.1　瞬时角频率与瞬时相位

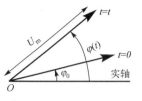

图 6-1　矢量图形

为分析瞬时角频率与瞬时相位之间的关系，设 $u(t) = U_m \cdot \cos[\varphi(t)]$，可以用长度为 U_m 与实轴夹角为 $\varphi(t)$ 的旋转矢量表示，矢量图形如图 6-1 所示。

矢量初始相位为 φ_0，以 $\omega(t)$ 的角速度绕 O 点逆时针旋转。产生的瞬时相位为

$$\varphi(t) = \int_0^t \omega(t)\mathrm{d}t + \varphi_0 \qquad (6\text{-}1)$$

瞬时角频率为

$$\omega(t) = \frac{\mathrm{d}\varphi(t)}{\mathrm{d}t} \qquad (6\text{-}2)$$

当 $\omega = \omega_c$ 时，

$$\varphi(t) = \omega_c t + \varphi_0 \qquad (6\text{-}3)$$

这就是瞬时角频率与瞬时相位之间的关系。

6.1.1.2　调频信号

根据调频的定义，调制信号改变载波信号的角频率（或频率），使角频率（或频率）随着调制信号呈线性变化。

设载波信号为 $u_c(t) = U_m \cos(\omega_c + \varphi_0)$，调制信号为 $u_\Omega(t)$，根据定义，调频波瞬时角频率为

$$\omega(t) = \omega_c + k_f u_\Omega(t) = \omega_c + \Delta\omega(t)$$

式中，ω_c 是未调制时的载波角频率，也称为调频信号的中心角频率；$\Delta\omega(t) = k_f u_\Omega(t)$，是叠加在 ω_c 上按调制信号规律变化的瞬时角频率变化量，称为瞬时角频率偏移量，简称角频偏；k_f 为由调频电路确定的比例常数，是用来描述调制信号对角频偏的控制能力的，单位是 $\mathrm{rad}/(\mathrm{s} \cdot \mathrm{V})$。

瞬时相位：

$$\begin{aligned} \varphi(t) &= \int_0^t \omega(t)\mathrm{d}t + \varphi_0 = \omega_c t + k_f \int_0^t u_\Omega(t)\mathrm{d}t + \varphi_0 \\ &= \omega_c t + \Delta\varphi + \varphi_0 \end{aligned} \qquad (6\text{-}4)$$

式中，$\Delta\varphi$ 为附加相位。

为分析方便，通常令 $\varphi_0 = 0$，则调频信号为

$$u_{FM}(t) = U_m \cos\left[\omega_c t + k_f \int_0^t u_\Omega(t)\mathrm{d}t\right] \qquad (6\text{-}5)$$

若单频调制，设 $u_\Omega(t) = U_{\Omega m}\cos(\Omega t)$，则

$$\omega(t) = \omega_c + k_f U_{\Omega m}\cos(\Omega t) = \omega_c + \Delta\omega_m\cos(\Omega t) \qquad (6\text{-}6)$$

式中，$\Delta\omega_m$ 为最大角频偏。

$$\varphi(t) = \omega_c t + \frac{k_f U_{\Omega m}}{\Omega} \sin(\Omega t) = \omega_c t + m_f \sin(\Omega t) \tag{6-7}$$

式中，m_f 为调频指数。

$$u_{FM}(t) = U_m \cos[\omega_c t + m_f \sin(\Omega t)] \tag{6-8}$$

$$\Delta\omega_m = k_f U_{\Omega m} \tag{6-9}$$

$$m_f = \frac{\Delta\omega_m}{\Omega} = \frac{\Delta f_m}{F} \tag{6-10}$$

式中，$\Delta\omega_m$ 为最大角频偏；Δf_m 为最大频偏；两者关系：$\Delta\omega_m = 2\pi\Delta f_m$；$m_f$ 为调频指数，表示调频信号的最大附加相位，反映调制信号对载波频率的改变程度。

调频信号的波形图如图 6-2 所示。

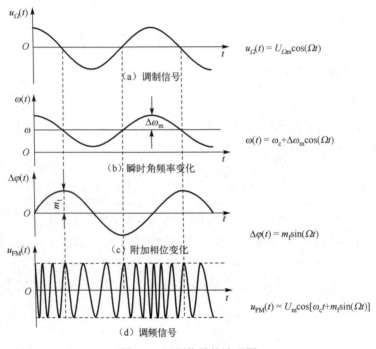

图 6-2　调频信号的波形图

6.1.1.3　调相信号

根据调相的定义，调制信号改变载波信号的相位，使相位随着调制信号呈线性变化。

设调制信号为 $u_\Omega(t)$，载波信号为 $u_c(t) = U_m \cos(\omega_c t)$，根据调相定义，瞬时相位为

$$\varphi(t) = \omega_c t + k_p u_\Omega(t) = \omega_c t + \Delta\varphi(t) \tag{6-11}$$

故调相信号为

$$u_{PM}(t) = U_m \cos\varphi(t) = U_m \cos[\omega_c t + k_p u_\Omega(t)] \tag{6-12}$$

式中，$\Delta\varphi(t) = k_p u_\Omega(t)$ 为附加相位，与调幅信号呈线性关系；k_p 为调相指数，rad/(s·V)。

单频调制时，设 $u_{\Omega}(t) = U_{\Omega m}\cos(\Omega t)$，则

$$\varphi(t) = \omega_c t + k_p U_{\Omega m}\cos(\Omega t) = \omega_c t + \Delta\varphi(t) = \omega_c t + m_p\cos(\Omega t)$$

式中，m_p 为调相指数，表示调相信号的最大附加相位，反映调制信号对载波相位的改变程度。

$$\omega(t) = \omega_c - m_p\Omega\sin(\Omega t) = \omega_c - \Delta\omega_m\sin(\Omega t)$$

$$u_{PM}(t) = U_m\cos[\omega_c t + m_p\cos(\Omega t)] \tag{6-13}$$

$$m_p = k_p U_{\Omega m}, \quad \Delta\omega_m = m_p\Omega$$

可以推导出

$$m_p = \frac{\Delta\omega_m}{\Omega} = \frac{\Delta f_m}{F} \tag{6-14}$$

式中，$\Delta\omega_m$ 为最大角频偏；Δf_m 为最大频偏。

调相信号的波形图如图 6-3 所示。

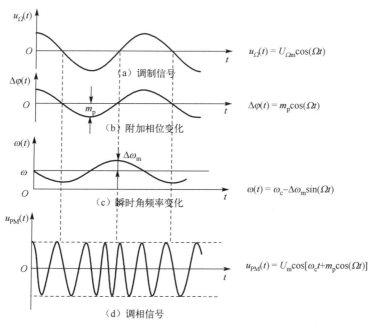

图 6-3　调相信号的波形图

6.1.1.4　调频信号与调相信号的比较

设载波信号为 $u_c(t) = U_m\cos(\omega_c t)$，调制信号为 $u_{\Omega}(t) = U_{\Omega m}\cos(\Omega t)$，根据调频与调相的定义和瞬时频率与瞬时相位之间的关系，得到调频信号与调相信号之间的关系式，如表 6-1 所示。

表 6-1　调频信号与调相信号之间的关系式

调角方式	调频信号	调相信号
瞬时角频率	$\omega(t) = \omega_c + k_f u_{\Omega}(t)$ $\omega(t) = \omega_c + \Delta\omega_m\cos(\Omega t)$	$\omega(t) = \omega_c + k_p\dfrac{\mathrm{d}u_{\Omega}(t)}{\mathrm{d}t}$ $\omega(t) = \omega_c - \Delta\omega_m\sin(\Omega t)$

续表

调角方式	调频信号	调相信号
瞬时相位	$\varphi(t) = \omega_c t + k_f \int_0^t u_\Omega(t)\mathrm{d}t$ $\varphi(t) = \omega_c t + m_f \sin(\Omega t)$	$\varphi(t) = \omega_c t + k_p u_\Omega(t)$
最大角频偏	$\Delta\omega_m = k_f U_{\Omega m} = m_f \Omega$	$\Delta\omega_m = k_p U_{\Omega m}\Omega = m_p\Omega$
最大附加相位	$m_f = \dfrac{\Delta\omega_m}{\Omega} = \dfrac{k_f U_{\Omega m}}{\Omega}$	$m_p = k_p U_{\Omega m}$
$u_{FM}(t) = U_m \cos\left[\omega_c t + k_f \int_0^t u_\Omega(t)\mathrm{d}t\right]$		$\mu_{PM}(t) = U_m \cos[\omega_c t + k_p u_\Omega(t)]$ $= U_m \cos[\omega_c t + m_p \cos(\Omega t)]$

在相同的输入条件下，产生的调频信号与调相信号之间的区别在于输出信号的相位变化与调制信号之间的关系不同：一个是附加相位与调制信号的积分成正比关系；另一个是附加相位与调制信号成正比关系。

可见，在调制前后载波振幅均保持不变。将调制信号先微分，再对载波进行调频，则得到调相信号；若将调制信号先积分，再对载波进行调相，则得到调频信号。即调频与调相之间是可以互相转换的。

例 6-1　绘出当调制信号幅度不变时，调频信号和调相信号的最大角频偏 $\Delta\omega_m$、最大附加相位 m（m_f，m_p）与调制信号角频率 Ω 之间的关系曲线。

解：图 6-4 所示为 $U_{\Omega m}$ 一定，$\Delta\omega_m$ 和 m_f（m_p）随 Ω 变化的曲线。

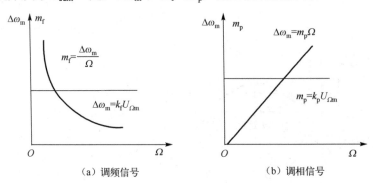

（a）调频信号　　　　　　　　（b）调相信号

图 6-4　$U_{\Omega m}$ 一定，$\Delta\omega_m$ 和 m_f（m_p）随 Ω 变化的曲线

例 6-2　已知 $u_\Omega(t) = 5\cos(2\pi\times10^3 t)\mathrm{V}$，调角信号表达式为 $u_o(t) = 10\cos[(2\pi\times10^6 t) + 10\cos(2\pi\times10^3 t)]\mathrm{V}$，试判断该调角信号是调频信号还是调相信号，并求出调制指数、最大频偏、载波频率和载波振幅。

解：$\varphi(t) = \omega_c t + \Delta\varphi(t) = 2\pi\times10^6 t + 10\cos(2\pi\times10^3 t)$ 附加相位正比于调制信号，故为调相信号。

调相指数：

$$m_p = 10\mathrm{rad}$$

最大频偏：

$$\Delta f_m = m_p F = 10\times10^3 = 10\mathrm{kHz}$$

载波频率：

$$f_c = 10^6 \text{Hz}$$

载波振幅：

$$U_m = 10 \text{V}$$

例 6-3　一组频率为 300～3000Hz 的余弦调制信号，振幅相同，调频时最大频偏为 75kHz，调相时最大相移为 2rad，试求调制信号频率范围内：①调频时 m_f 的变化范围；②调相时 Δf_m 的范围。

解：（1）调频时，Δf_m 与调制频率无关，恒为 75kHz。

而

$$m_p = \frac{\Delta f_m}{F}$$

故

$$m_{f\,max} = \frac{\Delta f_m}{F_{min}} = \frac{75 \times 10^3}{300} = 250 \text{rad}$$

$$m_{f\,min} \frac{\Delta f_m}{F_{max}} = \frac{75 \times 10^3}{3000} = 25 \text{rad}$$

（2）调相时，m_p 与调制频率无关，恒为 2rad。

而

$$m_p = \frac{\Delta f_m}{F}$$

故

$$\Delta f_{m\,min} = m_p F_{min} = 2 \times 300 = 600 \text{Hz}$$

$$\Delta f_{m\,max} = m_p F_{max} = 2 \times 3000 = 6000 \text{Hz}$$

6.1.2　调角信号的频域特性

6.1.2.1　调角信号的频谱

调频信号和调相信号的数学表达式的差别仅仅在于附加相位不同，前者的附加相位按正弦规律变化，而后者的附加相位按余弦规律变化。按正弦规律变化还是按余弦规律变化只是在相位上相差 π/2 而已，所以这两种信号的频谱结构是类似的。

分析时可将调制指数 m_f 或 m_p 用 m 代替，从而把它们写成统一的调角信号表达式：

$$
\begin{aligned}
u_o(t) &= U_m \cos[\omega_c t + m\sin(\varOmega t)] \\
&= U_m \{\cos\omega_c t \cos[m\sin(\varOmega t)] - \sin(\omega_c t)\sin[m\sin(\varOmega t)]\}
\end{aligned}
\tag{6-15}
$$

根据贝塞尔函数理论得到：

$$\cos[m\sin(\varOmega t)] = J_0(m) + 2\sum_{n=1}^{\infty} J_{2n}(m)\cos(2n\varOmega t) \tag{6-16}$$

$$\sin[m\sin(\Omega t)] = 2\sum_{n=0}^{\infty}J_{2n+1}(m)\sin[(2n+1)\Omega t] \tag{6-17}$$

$J_n(m)$ 称为以 m 为宗数的 n 阶第一类贝塞尔函数，可得输出调角信号的展开式：

$$
\begin{aligned}
u_o(t) &= U_m[J_0(m)\cos(\omega_c t) - 2J_1(m)\sin(\Omega t)\sin(\omega_c t) + \\
&\quad 2J_2(m)\cos(2\Omega t)\cos(\omega_c t) - 2J_3(m)\sin(3\Omega t)\sin(\omega_c t) + \\
&\quad 2J_4(m)\cos(4\Omega t)\cos(\omega_c t) - 2J_5(m)\sin(5\Omega t)\sin(\omega_c t) + \cdots] \\
&= U_m J_0(m)\cos(\omega_c t) + U_m J_1(m)\{\cos[(\omega_c + \Omega)t] - \cos[(\omega_c - \Omega)t]\} + \\
&\quad U_m J_2(m)\{\cos[(\omega_c + 2\Omega)t] + \cos[(\omega_c - 2\Omega)t]\} + U_m J_3(m)\{\cos(\omega_c + \\
&\quad 3\Omega)t] - \cos[(\omega_c - 3\Omega)t]\} + U_m J_4(m)\{\cos[(\omega_c + 4\Omega)t] + \cos[(\omega_c - 4\Omega)t]\} + \\
&\quad U_m J_5(m)\{\cos[(\omega_c + 5\Omega)t] - \cos[(\omega_c - 5\Omega)t]\}
\end{aligned} \tag{6-18}
$$

式子中得到的和为上边带，差为下边带。

可见，调角信号频谱不是调制信号频谱的线性搬移，而是由载频分量和角频率为 $\omega_c \pm n\Omega$ 的无限对上、下边带分量构成的。这些边带分量和载频分量的角频率相差 $n\Omega$。

当 n 为奇数时，上、下边带分量的振幅相同但极性相反；当 n 为偶数时，上、下边带分量的振幅和极性都相同。而且，载频分量和各边带分量的振幅均随 $J_n(m)$ 而变化。

与振幅有关的 $J_n(m)$ 随 m、n 变化的规律可通过贝塞尔函数曲线（见图 6-5）查表获取。

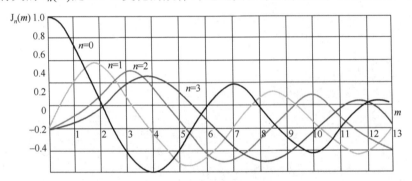

图 6-5　贝塞尔函数曲线

n 增大时，总趋势使边带分量振幅减小，即谐波次数越高，振幅幅度越小。

m 越大，具有较大振幅的边带分量越多；且有些边带分量振幅超过了载频分量振幅。当 m 为某些值（$m = 2.4$）时，载频分量可能为零，m 为其他某些值时（$m = 5$），某些边带（2 次谐波）分量振幅可能为零。

在相同载波和相同调制信号作用下，m 分别为 0.5、2.4、5 时的调角信号频谱图如图 6-6 所示。

6.1.2.2　调角信号的功率

按能量守恒原则可知，调角信号的总功率等于输入信号的功率，因输入信号功率由大信号载波功率来决定，所以调角信号的平均功率等于未调制的载波功率。

$$P_{AV} = \frac{U_m^2}{2R_L} \tag{6-19}$$

即改变 m，仅使载波分量和各边带分量之间的功率重新分配，但总功率不会改变。

6.1.2.3　调角信号的带宽

由于 n 增大时，总趋势会让高次谐波对应的边带分量振幅减小，因此离开载频较远的边带振幅都很小。在传送和放大过程中，这些边带分量起的作用很弱，可以舍去，且不会对调角信号产生明显的失真，所以，调角信号实际所占的有效带宽是有限的。

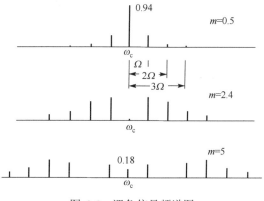

图 6-6　调角信号频谱图

舍去边带分量的标准：当 $n > (m + 1)$ 时，$J_n(m)$ 的数值都小于 0.1，因此，$n > (m + 1)$ 的边带分量的振幅均小于载频振幅的 10%，通常将这些边带分量省略，可得到调角信号有效带宽近似计算公式为 $\mathrm{BW} = 2(m + 1)F$。

若 $m \ll 1\mathrm{rad}$（工程上规定 $m < 0.25\mathrm{rad}$），则 $\mathrm{BW} \approx 2F$（与调幅信号的带宽相同），称为窄带调角信号。

若 $m \gg 1\mathrm{rad}$，则 $\mathrm{BW} \approx 2mF = 2\Delta f_\mathrm{m}$，称为宽带调角信号。

复杂信号调制时，$\mathrm{BW} = 2\left[\dfrac{(\Delta f_\mathrm{m})_\mathrm{max}}{F_\mathrm{max} + 1}\right]F_\mathrm{max}$，带宽由复杂信号的最大频率信号来决定。

6.1.2.4　调角信号的特点与应用

调角信号与调幅信号相比有优点也有缺点，首先介绍它的优点：抗干扰能力强，设备利用率高。因为调角信号为等幅信号，其幅度不携带信息，干扰信号一般会使信号的幅度发生改变，调角电路可以采用限幅电路来消除干扰引起的寄生调幅。

调角信号功率等于未调制时的载波功率，与调制指数 m 无关，因此不论 m 为多大，发射机末级均可工作在最大功率状态，从而可提高发送设备的利用率。

调角信号的缺点：有效带宽比调幅信号大得多，且有效带宽与 m 相关。故角度调制不宜在信道拥挤且频率范围不宽的短波波段使用，而适合在频率范围很宽的超高频或微波波段中使用。

6.2　调 频 电 路

 章节要求

掌握调频的实现方法，了解调频电路的主要性能指标；理解变容二极管直接调频电路的组成和工作原理；了解变容二极管间接调频电路的组成和工作原理；理解实现调相的基本方法；掌握扩展频偏的方法。

6.2.1　调频方法与调频电路的主要性能指标

6.2.1.1　调频方法

调频的方法可以分为直接调频和间接调频两类。

（1）直接调频：用调制信号直接控制振荡器频率，使其与调制信号成正比。图 6-7 所示为直接调频原理示意。

由图 6-7 可以看到，常用的振荡器是 LC 振荡器和晶体振荡器，其振荡频率由 L 和 C 决定；可控电抗元件常用的是变容二极管，通过调控调制电压，可以调控振荡频率，从而使振荡频率随调制信号线性变化，实现直接调频。直接调频法的优点是产生的频偏较大；缺点是电路中的中心频率不易稳定。

（2）间接调频：将调制信号先经积分处理，再对载波信号进行调相，最后得到调频信号。间接调频电路组成框图如图 6-8 所示。

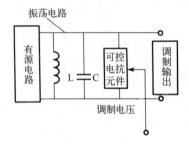

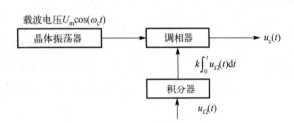

图 6-7　直接调频原理示意　　　　图 6-8　间接调频电路组成框图

间接调频法不在振荡器中进行，它的优点：中心频率具有很高的稳定性；缺点：产生的频偏较小，后期需要进行扩展频偏处理。

6.2.1.2　调频电路的主要性能指标

图 6-9 所示的调频特性曲线能够反映调频电路的性能，调频电路的性能描述了调制信号的瞬时频率 f 或瞬时频偏（$\Delta f = f - f_c$）随调制电压变化的规律。

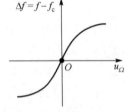

图 6-9　调频特性曲线

主要的性能指标：中心频率稳定度、最大频偏、调频灵敏度、非线性失真。

（1）中心频率稳定度：即未调制时的载波频率 f_c，只有保持中心频率的高稳定度，才能保证接收机正常接收信号。

（2）最大频偏 Δf_m：在保障线性变化的基础上，要求调频信号的频偏越大越好。

（3）调频灵敏度：单位调制电压产生的频偏，一般用调频特性曲线中原点处的斜率来表示。$S_F = \dfrac{\mathrm{d}(\Delta f)}{\mathrm{d}u_\Omega}\bigg|_{u_\Omega}$，$S_F$ 的单位为 Hz/V。

设调制信号的最大调制电压为 $U_{\Omega m}$，则

$$S_F = \frac{\Delta f_m}{U_{\Omega m}} \tag{6-20}$$

（4）非线性失真：主要由调频特性曲线的线性度来决定。

6.2.2　变容二极管直接调频电路

直接调频电路中的核心器件为变容二极管，过程是用调制信号 $u_\Omega(t)$ 控制变容二极管的

电容 C_j，C_j 与 L 构成振荡电路中的谐振电路，决定整个振荡电路的频率 $f(t)$，这样完成调制信号 $u_\Omega(t)$ 对频率 $f(t)$ 的变换，若这个变换是线性变换，就能实现直接调频功能。直接调频广泛采用变容二极管直接调频电路，它具有工作频率高、固有损耗小等优点，但其中心频率的稳定度和线性调频范围与变容二极管特性及工作状态有关。

6.2.2.1　变容二极管的压控电容特性

图 6-10 所示为变容二极管的特性曲线。

$$C_j = \frac{C_{j0}}{\left(1 - \dfrac{u}{U_B}\right)^\gamma} \qquad （6-21）$$

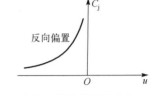

图 6-10　变容二极管的特性曲线

式中，C_{j0} 为当 $u = 0$ 时的结电容；U_B 为 PN 结内建电位差，硅材料的 $U_B = 0.4\sim0.6V$；γ 为变容指数，取决于 PN 结工艺结构，取值为 $1/3\sim6$。

变容二极管工作在负偏状态，所以需要提供一个合适的负偏静态电压 U_Q。

6.2.2.2　振荡回路的基本组成与工作原理

1. 振荡回路的基本组成

图 6-11 所示为变容二极管及其控制电路——谐振回路。

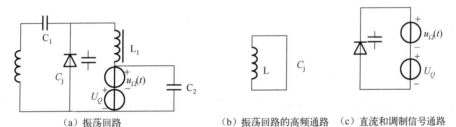

（a）振荡回路　　　　　　（b）振荡回路的高频通路　　（c）直流和调制信号通路

图 6-11　变容二极管及其控制电路——谐振回路

其中，$u_\Omega(t)$ 为调制信号；U_Q 为静态工作点，使二极管反偏；C_1 为隔直电容，防止 U_Q 通过 L 短路；L_1 为高扼圈，对高频开路，对直流、$u_\Omega(t)$ 短路，使其加在 C_j 上；C_2 为高频旁路电容。

2. 工作原理

首先分析调制信号 $u_\Omega(t)$ 对变容二极管的控制。

设 $u = -[U_Q + u_\Omega(t)]$，即变容二极管必须在反偏静态工作点 U_Q 的基础上，加入调制信号 u_Ω，可得

$$C_j = \frac{C_{j0}}{\left(1 - \dfrac{u}{U_B}\right)^\gamma} = \frac{C_{jQ}}{(1+x)^\gamma} \qquad （6-22）$$

式中，$C_{jQ} = \dfrac{C_{j0}}{\left(1 - \dfrac{U_Q}{U_B}\right)^\gamma}$ 为变容二极管的静态电容；$x = \dfrac{u_\Omega(t)}{U_Q + U_B}$ 是归一化调制信号电压。

为保证变容二极管反偏在有效的工作范围内，应满足$|u_\Omega(t)|<U_Q$，故x值恒小于1。

根据图6-11，L 和 C_j 构成振荡电路的振荡频率为

$$f=\frac{1}{2\pi\sqrt{LC_j}} \tag{6-23}$$

可得

$$f(t)=f_c(1+x)^{\frac{\gamma}{2}} \tag{6-24}$$

式中，$f_c=\dfrac{1}{2\pi\sqrt{LC_{jQ}}}$，为未调制时的振荡频率，即载波频率，也就是中心频率。

当$\gamma=2$时，

$$f(t)=f_c(1+x)=f_c\left[1+\frac{u_\Omega(t)}{U_Q+U_B}\right] \tag{6-25}$$

频率的变化规律完全符合调频的定义，实现了理想的线性调制。

当$\gamma\neq2$时，调制特性是非线性的，但若调制信号足够小，也可实现近似的线性调制。

设单频调制$u_\Omega(t)=U_{\Omega m}\cos(\Omega t)$，则

$$x=\frac{U_{\Omega m}}{U_Q+U_B}\cos(\Omega t)=m_c\cos(\Omega t) \tag{6-26}$$

$$m_c=\frac{U_{\Omega m}}{U_Q+U_B} \tag{6-27}$$

式中，m_c为变容二极管的电容调制度，其值应小于1。

当m_c足够小时，x就足够小，可以忽略式$f(t)=f_c(1+x)^{\frac{\gamma}{2}}$的麦克劳林级数展开式中的三次方及其以上各次方项，得

$$\begin{aligned}f(t)&\approx f_c\left[1+\frac{\gamma}{2}x+\frac{\gamma}{2}\frac{(\gamma/2-1)}{2!}x^2\right]\\&=f_c\left[1+\frac{\gamma}{8}\left(\frac{\gamma}{2}-1\right)m_c^2\right]+\frac{\gamma}{2}m_cf_c\cos(\Omega t)+\frac{\gamma}{8}\left(\frac{\gamma}{2}-1\right)m_c^2f_c\cos(2\Omega t)\end{aligned} \tag{6-28}$$

式中，$f_c\left[1+\dfrac{\gamma}{8}\left(\dfrac{\gamma}{2}-1\right)m_c^2\right]$为中心频率，存在偏移，$m_c$越大，偏移越大；$\dfrac{\gamma}{2}m_cf_c\cos(\Omega t)$为线性调频项；$\dfrac{\gamma}{2}m_cf_c$为最大频偏；$\dfrac{\gamma}{8}\left(\dfrac{\gamma}{2}-1\right)m_c^2f_c\cos(2\Omega t)$为二次谐波项。中心频率由调制特性非线性引起，$m_c$越大，失真越大。

当m_c足够小时，可忽略中心频率的偏离和谐波失真项，则

$$f(t)\approx f_c\left[1+\frac{\gamma}{2}m_c\cos(\Omega t)\right] \tag{6-29}$$

最大频偏为

$$\Delta f_{\mathrm{m}} = \frac{\gamma}{2} m_{\mathrm{c}} f_{\mathrm{c}} \qquad (6\text{-}30)$$

调频灵敏度为

$$S_{\mathrm{F}} = \frac{\Delta f_{\mathrm{m}}}{U_{\Omega \mathrm{m}}} = \frac{\gamma}{2} \frac{m_{\mathrm{c}} f_{\mathrm{c}}}{U_{\Omega \mathrm{m}}} = \frac{\gamma}{2} \frac{f_{\mathrm{c}}}{U_Q + U_{\mathrm{B}}} \qquad (6\text{-}31)$$

可见，将变容二极管全部接入振荡回路来构成直接调频电路时，为减小非线性失真和中心频率的偏移，应设法使变容二极管工作在 $\gamma = 2$ 的区域，若 $\gamma \neq 2$，则应限制调制信号的大小。

为减小 $\gamma \neq 2$ 所引起的非线性，以及因温度、偏置电压等对 C_{jQ} 产生影响所造成的调频波中心频率的不稳定，在实际应用中，常采用变容二极管部分接入振荡回路的方式。

3. 电路实例

1）变容二极管全部接入回路的调频电路

图 6-12 所示为变容二极管全部接入回路的调频电路及各种通路。

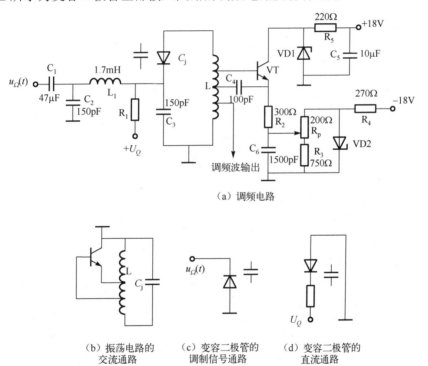

（a）调频电路

（b）振荡电路的
交流通路

（c）变容二极管的
调制信号通路

（d）变容二极管的
直流通路

图 6-12 变容二极管全部接入回路的调频电路及各种通路

调频电路的中心频率 $f_{\mathrm{c}} = 70\mathrm{MHz}$，最大频偏 $\Delta f_{\mathrm{m}} = 6\mathrm{MHz}$。电路采用双电源供电，+18V 经 VD_1、R_5、C_5 构成稳压电路为输出集电极提供静态工作点；–18V 经 VD_2、R_4、R_3、R_p 构成可调稳压电路为输入提供静态工作点。

变容二极管工作在负向偏置，需要直流电源 U_Q 经电阻 R_1 加在变容二极管负极，R_1 对数值比较大的直流电压起导通作用，但对输入的调制小信号起阻碍作用，减小其对静态工作点的影响，等效电路如图 6-12（d）所示。

$u_\Omega(t)$经隔直电容 C_1 后再经 C_2、L_1、C_3 构成的低通滤波电路加到变容二极管上。L_1、C_2 对低频交流起导通作用，对高频调频信号起阻碍作用，减小调频信号对输入调制信号的影响。等效电路如图 6-12（c）所示。

C_3、C_4 起通交隔直的作用，可画出振荡电路的交流通路，如图 6-12（b）所示。振荡电路类型：电感三点式振荡器。

2）变容二极管部分接入回路的调频电路

图 6-13 所示为变容二极管部分接入回路的调频电路及各种通路。适当调节 C_1、C_2，可使调制特性接近于线性。但变容二极管部分接入回路所构成的调频电路，调制灵敏度和最大频偏都会降低。

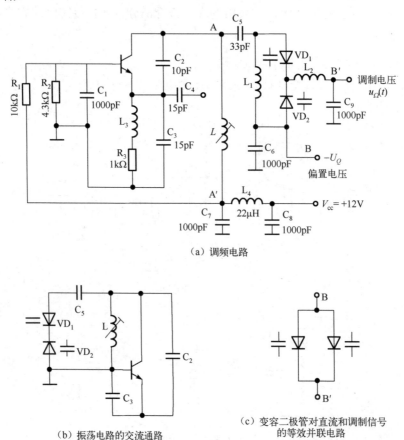

（a）调频电路

（b）振荡电路的交流通路

（c）变容二极管对直流和调制信号的等效并联电路

图 6-13 变容二极管部分接入回路的调频电路及各种通路

电路采用两个变容二极管，由$-U_Q$提供反偏静态工作点，可调节 U_Q 和 L 值，使其中心频率在 $50 \sim 100 \text{MHz}$ 变化。调制信号 $u_\Omega(t)$ 通过 C_9、L_2 构成的低通滤波器加在变容二极管上，C_9、L_2 对低频导通，对高频调频信号起阻碍作用，从而减小调频信号对输入调制信号的影响。该电路的交流通路如图 6-13（b）所示，可见电路构成了电容三点式振荡器。振荡电路的频率由变容二极管、C_2、C_3、C_5 来决定。所以变容二极管为部分接入方式，对频率的改变量将会减小，同时中心频率的稳定性也有所提高。

6.2.3　间接调频电路

为解决直接调频电路中心频率稳定度不高的问题，采用间接调频方式，即先让调频信号经过积分电路，再进行调相，最后得到调频信号，整个过程采用的是积分电路、调相电路，得到的还是调频信号，这种方法称为间接调频。

由变容二极管构成的谐振回路具有调相作用，将调制信号积分后去控制变容二极管的结电容即可实现调频，但它很难获得大频偏的调频信号。

6.2.3.1　间接调频原理

图 6-14 所示为间接调频原理图。

6.2.3.2　调相的实现方法

实现调相的方法有三种，分别是矢量合成法调相电路、可变相移法调相电路、可变时延法调相电路。

1. 矢量合成法调相电路

1）矢量合成法原理

矢量合成法又称为阿姆斯特朗法。设调制信号为单频信号，调相信号可表示为

$$
\begin{aligned}
u_{PM}(t) &= U_m \cos[\omega_c t + m_p \cos(\Omega t)] \\
&= U_m \cos(\omega_c t)\cos[m_p \cos(\Omega t)] - U_m \sin(\omega_c t)\sin[m_p \cos(\Omega t)]
\end{aligned}
\tag{6-32}
$$

当 $m_p < (\pi/12)\text{rad}$ ，即 $m_p < 15°$时，有

$$
\cos[m_p \cos(\Omega t)] \approx 1, \quad \sin[m_p \cos(\Omega t)] \approx m_p \cos(\Omega t)
$$

故

$$
u_{PM}(t) \approx U_m \cos(\omega_c t) - U_m m_p \cos(\Omega t)\sin(\omega_c t)
\tag{6-33}
$$

图 6-15 所示为矢量合成原理。合成矢量 **OB** 为调相调幅信号：$\Delta\varphi(t) = \arctan[m_p \cos(\Omega t)] \approx m_p \cos(\Omega t)$ ，可实现窄带调相。

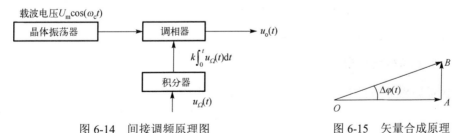

图 6-14　间接调频原理图　　　　　图 6-15　矢量合成原理

2）矢量合成法实现模型

图 6-16 所示为矢量合成实现模型。

$$
u_{PM}(t) \approx U_m \cos(\omega_c t) - U_m m_p \cos(\Omega t)\sin(\omega_c t)
\tag{6-34}
$$

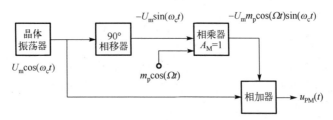

图 6-16　矢量合成实现模型

2. 可变相移法调相电路

可变相移法调相的实现模型如图 6-17 所示。

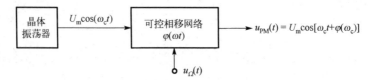

图 6-17　可变相移法调相的实现模型

调制信号 $u_\Omega(t)$ 通过可控相移网络的线性控制，使振荡电路产生相位偏移，偏移量为 $\varphi(\omega_c)$，$\varphi(\omega_c) = k_p u_\Omega(t)$。因此，从可控相移网络输出端可得到调相信号为 $u_{PM}(t) = U_m \cos[\omega_c t + \varphi(\omega_c)]$。

3. 可变时延法调相电路

可变时延法调相的实现模型如图 6-18 所示。

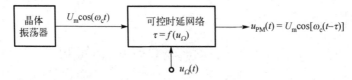

图 6-18　可变时延法调相的实现模型

调制信号 $u_\Omega(t)$ 通过可控时延网络的线性控制，使晶体振荡器产生的信号发生了时间 t 的偏移，偏移量为 $\tau = f(u_\Omega)$，与调制电压成正比，$\tau = k_d u_\Omega(t)$。

因此，从可控时延网络的输出端可得到调相信号为

$$u_{PM}(t) = U_m \cos[\omega_c t - \omega_c k_d u_\Omega(t)] \tag{6-35}$$

通过调相信号可知相位偏移量和调制信息呈线性正比变化。

6.2.3.3　变容二极管调相电路

变容二极管调相电路属于可变相移法调相电路，电路原理图如图 6-19 所示。

由 $|Z| = \dfrac{R_p}{\sqrt{1 + [Q_T(\omega/\omega_0 - \omega_0/\omega)]^2}}$ 可得到幅频、相频表达式，即

$$\varphi = -\arctan[Q_T(\omega/\omega_0 - \omega_0/\omega)]$$

$$\varphi \approx -\arctan\left(Q_T \frac{2\Delta\omega}{\omega_0}\right) \tag{6-36}$$

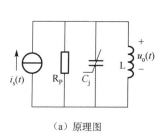
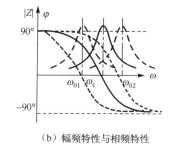

（a）原理图　　　　　　　　　　　　（b）幅频特性与相频特性

图 6-19　变容二极管调相电路原理图

（1）未加 $u_\Omega(t)$ 时，$\omega_0 = 1/\sqrt{LC_{jQ}}$；$C_j$ 上加上 $u_\Omega(t)$ 后，C_j 变大或变小。

若 $i_s(t) = I_{sm}\cos(\omega_c t)$，则 $u_o(t) = I_{sm}Z(\omega_c)\cos[\omega_c t + \varphi(\omega_c)]$，将 $Z(\omega_c)$ 看成寄生调幅，后期用限制器进行处理。

$$\varphi(\omega_c) = -\arctan\left[2Q_T\frac{\omega_c - \omega_0(t)}{\omega_c}\right] \tag{6-37}$$

当 $|\varphi(\omega_c)| < 30°$ 时，

$$\varphi(\omega_c) \approx -2Q_T\frac{\omega_c - \omega_0(t)}{\omega_c} \tag{6-38}$$

（2）当 $u_\Omega(t) = U_{\Omega m}\cos(\Omega t)$，且 $U_{\Omega m}$ 足够小时，由式（6-29）可得

$$\omega_0(t) \approx \omega_c\left[1 + \frac{\gamma}{2}m_c\cos(\Omega t)\right] \tag{6-39}$$

将式（6-39）代入 $\varphi(\omega_c) \approx -2Q_T\dfrac{\omega_c - \omega_0(t)}{\omega_c}$ 可得 $\varphi(\omega_c) \approx \gamma Q_T m_c\cos(\Omega t)$，即相位偏移量与调制信号呈线性关系。

$$u_o(t) = I_{sm}Z(\omega_c)\cos[\omega_c t + \gamma Q_T m_c\cos(\Omega t)] \tag{6-40}$$

$$\Delta\omega_m = \gamma Q_T m_c\Omega$$

为实现线性调相，m_p 必须小于 30°（即 $\pi/6$ rad），故调相波的最大频偏不能很大。

6.2.3.4　变容二极管间接调频电路

图 6-20 所示为变容二极管间接调频电路，调制信号 $u_\Omega(t)$ 经过三极管 VT 进行放大后，经过 R_1 输出电流 $i(t)$。

要求 $R \gg 1/\Omega C$，从而使 RC 电路对调制信号构成积分电路。

$$i_\Omega(t) \approx u_\Omega(t)/R$$

实际加到变容二极管上的调制电压 $u'_\Omega(t)$ 为

$$u'_\Omega(t) = \frac{1}{C}\int_0^t i_\Omega(t)\mathrm{d}t \approx \frac{1}{RC}\int_0^t u_\Omega(t)\mathrm{d}t \tag{6-41}$$

当 $u_\Omega(t) = U_{\Omega m}\cos(\Omega t)$ 时，可得

$$u'_\Omega(t) = \frac{1}{RC}\int_0^t U_{\Omega m}\cos(\Omega t)\mathrm{d}t = \frac{1}{\Omega RC}U_{\Omega m}\sin(\Omega t) = U'_{\Omega m}\sin(\Omega t) \tag{6-42}$$

$$m_c = \frac{U'_{\Omega m}}{U_B + U_Q} = \frac{U_{\Omega m}}{\Omega RC(U_B + U_Q)} \tag{6-43}$$

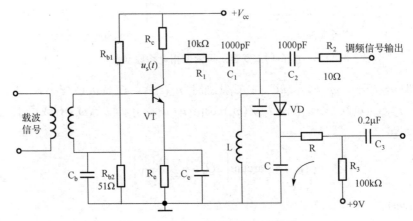

图 6-20 变容二极管间接调频电路

根据式（6-40）可得

$$u_o(t) = I_{sm}Z(\omega_c)\cos[\omega_c t + \gamma m_c Q_T \sin(\Omega t)]$$
$$= U_m\cos[\omega_c t + m_f\sin(\Omega t)] \tag{6-44}$$

式中，$m_f = \dfrac{\gamma Q_T U_{\Omega m}}{(U_B + U_Q)\Omega RC}$；$\Delta\omega_m = m_f\Omega = \dfrac{\gamma Q_T U_{\Omega m}}{(U_B + U_Q)RC}$。 $\tag{6-45}$

6.2.4　扩展频偏的方法

在实际调频设备中，常采用倍频器和混频器来获得所需的载波频率和最大线性频偏，用倍频器同时扩大载波频率和频偏，用混频器改变载波频率的大小，使之达到所需值。

利用倍频器，可将载波频率和最大频偏同时扩展 n 倍；利用混频器，可在不改变最大频偏的情况下，将载波频率改变为所需值。

可先用倍频器增大调频信号的最大频偏，然后再用混频器将调频信号的载波频率降低到规定的数值。

例 6-4　图 6-21 所示为扩展频偏的原理框图，已知间接调频电路输出的调频信号中心频率 $f_{c1} = 100\text{kHz}$，最大频偏 $\Delta f_{m1} = 97.64\text{Hz}$，混频器的本振信号频率 $f_L = 14.8\text{MHz}$，取下边带输出，试求输出调频信号 $u_o(t)$ 的中心频率 f_c 和最大频偏 Δf_m。

解：

$$f_{c2} = 4\times4\times3\times f_{c1} = 48\times100\text{kHz} = 4.8\text{MHz}$$

$$\Delta f_{m2} = 4\times4\times3\times\Delta f_{m1} = 48\times97.64\text{Hz} \approx 4.687\text{kHz}$$

$$f_{c3} = f_L - f_{c2} = (14.8-4.8)\text{MHz} = 10\text{MHz}$$

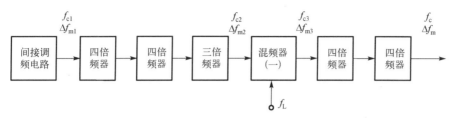

图 6-21　扩展频偏的原理框图

$$\Delta f_{m3} = \Delta f_{m2} \approx 4.687 \text{kHz}$$

$$f_c = 4 \times 4 \times f_{c3} = 16 \times 10 \text{MHz} = 160 \text{MHz}$$

$$\Delta f_m = 4 \times 4 \times \Delta f_{m3} \approx 16 \times 4.687 \text{kHz} \approx 75 \text{kHz}$$

6.3　鉴 频 电 路

章节要求

掌握鉴频的实现方法，了解鉴频的性能指标；了解斜率鉴频器和鉴相器的工作原理；了解限幅器在接收机中的作用和常用限幅器。

6.3.1　鉴频的实现方法与性能指标

6.3.1.1　鉴频的实现方法

鉴频的实现方法有四种，分别为斜率鉴频器、相位鉴频器、脉冲计数式鉴频器、锁相环路鉴频器。

1. 斜率鉴频器

图 6-22 所示为斜率鉴频器的实现模型。它先将输入的等幅调频波通过线性变换网络，变为调频波，调频波的振幅按照瞬时频率的规律变化，即进行 FM-AM 波变换，然后用包络检波器检出所需要的调制信号。

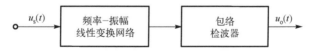

图 6-22　斜率鉴频器的实现模型

2. 相位鉴频器

图 6-23 所示为相位鉴频器的实现模型。它由两部分组成：第一部分先将输入的等幅调频波通过线性变换网络（频率-相位）进行变换，使调频波瞬时频率的变化转换为附加相移的变化，即进行 FM-PM 波变换；第二部分利用相位检波器检出所需要的调制信号。相位鉴频器的关键是找到一个频率-相位线性变换网络。

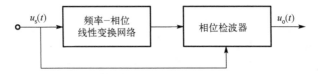

图 6-23　相位鉴频器的实现模型

3. 脉冲计数式鉴频器

图 6-24 所示为脉冲计数式鉴频器的实现模型。

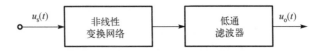

图 6-24　脉冲计数式鉴频器的实现模型

脉冲计数式鉴频器先将等幅的调频信号送入非线性变换网络，将它变为调频等宽脉冲序列，由于该等宽脉冲序列含有随瞬时频率变化的平均分量，因此通过低通滤波器能够取出包含在平均分量中的调制信号，其平均分量与瞬时频率变化成正比。

图 6-25 所示为脉冲计数式鉴频器的工作波形。

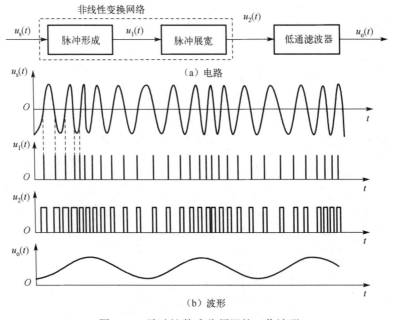

图 6-25　脉冲计数式鉴频器的工作波形

调频脉冲序列 $u_2(t)$ 中的平均分量为

$$u_{2AV} = \frac{U_{2m}\tau}{T(t)} = U_{2m}\tau[f_c + \Delta f(t)] \tag{6-46}$$

式中，τ 为脉幅；$\Delta f(t)$ 为脉宽。

脉冲计数式鉴频器具有线性鉴频范围大、便于集成化等优点，但其工作频率受到最小脉宽的限制，因此多用于工作频率小于 10MHz 的场合。

4. 锁相环路鉴频器

锁相环路鉴频器的内容详见第 7 章的锁相环路部分。

6.3.1.2　鉴频的性能指标

1. 鉴频特性

鉴频器的主要特性是鉴频特性,指的是它的输出电压与输入信号频率之间的关系。图 6-26 所示为鉴频原理图。

2. 主要指标

1)鉴频灵敏度（鉴频跨导）S_D

鉴频灵敏度是指鉴频特性曲线在中心频率 f_c 处的斜率，用式（6-47）表示。

$$S_D = \frac{\Delta u_o}{\Delta f}\bigg| f = f_c \text{ V/Hz} \tag{6-47}$$

2)线性范围

线性范围指的是鉴频特性曲线近似为直线所对应的最大范围，用 $2\Delta f_{max}$ 表示，鉴频特性曲线如图 6-27 所示。

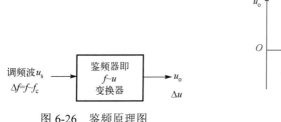

图 6-26　鉴频原理图

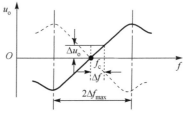

图 6-27　鉴频特性曲线

3)非线性失真

非线性失真指由于鉴频特性的非线性所产生的失真。通常要求在满足线性范围和非线性失真的条件下，提高鉴频灵敏度。

例 6-5　某鉴频器输入调频信号为 $u_s(t) = 5\cos[2\pi\times10^8 t + 20\sin(2\pi\times10^3 t)]$ V，鉴频灵敏度为 $S_D = -5$ mV/kHz，鉴频器带宽 $2\Delta f_{max} = 100$ kHz，鉴频特性曲线如图 6-27 所示，试画出该鉴频器的鉴频特性曲线和鉴频输出电压波形。

解：由输入调频信号表达式得 $f_c = 10^8$ Hz $= 10^5$ kHz。

由 S_D 和 $2\Delta f_{max}$ 可求得,瞬时频率 f 偏离中心偏离 $f_c = 50$ kHz 处的解调输出电压为 $u_o = \mp 5\times 50$ mV $= \mp 250$ mV。

故可画出该鉴频器的鉴频特性曲线如图 6-28 所示。

由于 $u_s(t) = 5\cos[2\pi\times10^8 t + 20\sin(2\pi\times10^3 t)]$ V

故

$$\omega(t) = \frac{d\varphi(t)}{dt} = \frac{d}{dt}[2\pi\times10^8 t + 20\sin(2\pi\times10^3 t)]$$
$$= [2\pi\times10^8 + 2\pi\times20\times10^3 \cos(2\pi\times10^3 t)] \text{rad/s}$$

$$\Delta f = 20 \times 10^3 \cos(2\pi \times 10^3 t)\mathrm{Hz} = 20\cos(2\pi \times 10^3 t)\mathrm{kHz}$$

鉴频输出电压为

$$u_\mathrm{o} = S_\mathrm{D}\Delta f = -5 \times 20\cos(2\pi \times 10^3 t)\mathrm{mV}$$
$$= -100\cos(2\pi \times 10^3 t)\mathrm{mV}$$

图 6-29 所示为鉴频输出电压波形。

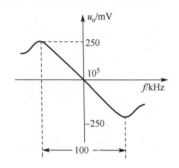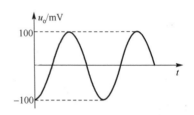

图 6-28　该鉴频器的鉴频特性曲线　　　　　图 6-29　鉴频输出电压波形

6.3.2　斜率鉴频器

6.3.2.1　工作原理

图 6-30 所示为斜率鉴频的工作原理。单失谐回路鉴频器如图 6-30(c)所示。该回路的谐振频率 f_0 高于 FM 波的载频 f_c，并尽量利用幅频特性的倾斜部分。当 $f > f_\mathrm{c}$ 时，回路两端的电压较小；当 $f < f_\mathrm{c}$ 时，回路两端的电压较大，因而形成图 6-30(b)所示的 $u(t)$ 的波形。这种利用调谐回路幅频特性倾斜部分对 FM 波解调的方法称为斜率鉴频法。由于在斜率鉴频电路中，利用的是调谐回路的失谐状态，因此又称失谐回路法。

6.3.2.2　双失谐回路斜率鉴频器

实际中较少采用单失谐回路斜率鉴频器，这是因为单失谐回路的线性鉴频范围很小。为了扩大线性鉴频范围，可采用双失谐回路斜率鉴频器电路。图 6-31 所示为双失谐回路斜率鉴频器的电路。

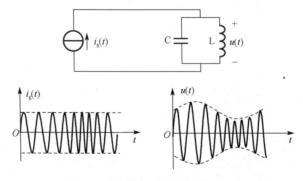

（a）频率-振幅变换网络

图 6-30　斜率鉴频的工作原理

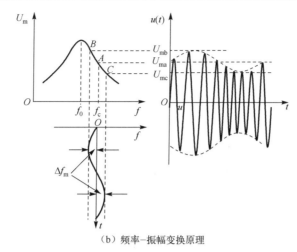

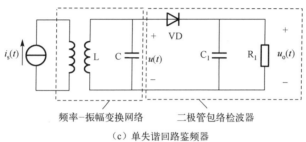

（b）频率-振幅变换原理

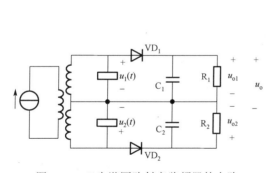

（c）单失谐回路鉴频器

图 6-30　斜率鉴频的工作原理（续）

图 6-32 所示为双失谐回路斜率鉴频的特性。$C_1 = C_2$，$R_1 = R_2$，VD_1、VD_2 的特性相同，两个回路的谐振特性也相同。f_c 要求：$f_{01} < f_c < f_{02}$，且 $f_c - f_{01} = f_{02} - f_c$，此时 $u_o = u_{o1} - u_{o2}$。

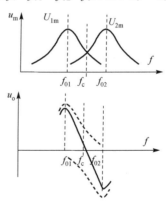

图 6-31　双失谐回路斜率鉴频器的电路　　　　图 6-32　双失谐回路斜率鉴频的特性

上、下两个单失谐回路斜率鉴频器的特性相互补偿，使鉴频器非线性失真减小，线性范围和鉴频灵敏度增大。

f_{02} 和 f_{01} 对 f_c 的偏离要适当，过大会在 f_c 附近出现弯曲，过小使鉴频线性范围变小，也不便调整，$f_c - f_{01} = f_{02} - f_c$ 应大于 Δf_m。

6.3.3 相位鉴频器

6.3.3.1 概述

图 6-33 所示为相位鉴频的原理框图。相位鉴频法的关键是相位检波器。相位检波器或鉴相器用来检出两个信号之间的相位差，是完成相位差-电压变换作用的部件或电路。

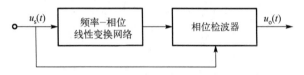

图 6-33 相位鉴频的原理框图

鉴相器可分两类：模拟鉴相器、数字鉴相器。模拟鉴相器也可以分为两类：乘积型模拟鉴相器、叠加型模拟鉴相器。

采用乘积型模拟鉴相器构成的相位鉴频器称为乘积型相位鉴频器。采用叠加型模型鉴相器构成的相位鉴频器称为叠加型相位鉴频器。

6.3.3.2 乘积型相位鉴频器

利用乘积型模拟鉴相器实现鉴频的方法称为乘积型相位鉴频法。在乘积型相位鉴频器中，线性相移网络通常采用单谐振回路（或耦合回路），而相位检波器为乘积型模拟鉴相器。图 6-34 所示为乘积型相位鉴频的原理框图。

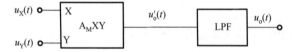

图 6-34 乘积型相位鉴频的原理框图

模拟相乘器用来检出两个输入信号之间的相位差，并将相位差变换为电压信号。低通滤波器（LPF）用于取出低频信号、滤除高频信号，从而得到解调输出电压 $u_o(t)$。

根据相乘器输入信号幅度大小的不同，乘积型模拟鉴相器有下面三种不同的工作状态。

设输入信号为

$$u_X(t) = U_{Xm} \cos(\omega_c t) \tag{6-48}$$

$$u_Y(t) = U_{Ym} \sin(\omega_c t + \varphi) \tag{6-49}$$

采用正弦的原因：固定相位差使鉴频特性过原点。

1. 两个输入信号均为小信号

根据式（6-48）、式（6-49），设 $u_X(t)$、$u_Y(t)$ 均为小信号，此时相乘器处于线性工作状态，可得

$$
\begin{aligned}
u_o'(t) &= A_M U_{Xm} U_{Ym} \sin(\omega_c t + \varphi) \cos(\omega_c t) \\
&= \frac{1}{2} A_M U_{Xm} U_{Ym} \sin(2\omega_c t + \varphi) + \frac{1}{2} A_M U_{Xm} U_{Ym} \sin\varphi
\end{aligned}
\tag{6-50}
$$

设低通滤波器增益为 1，则

$$u_o(t) = \frac{1}{2} A_M U_{Xm} U_{Ym} \sin\varphi \qquad (6-51)$$

当 $|\varphi| \leqslant 0.5\text{rad}$（约 30°）时，有 $u_o(t) \approx A_d\varphi$，$A_d = \frac{1}{2} A_M U_{Xm} U_{Ym}$，其中 A_d 为鉴相灵敏度。

可见，两个输入信号均为小信号时具有正弦鉴相特性（见图 6-35）。当 $|\varphi| \leqslant 30°$ 时近似线性鉴相。

2. 两个输入信号一个为大信号，另一个为小信号

设 $u_Y(t) = U_{Ym} \sin(\omega_c t + \varphi)$ 为小信号，$u_X(t) = U_{Xm} \cos(\omega_c t)$ 为大信号，则

$$
\begin{aligned}
u_o'(t) &= A_M u_Y(t) K_2(\omega_c t) = A_M U_{Ym} \sin(\omega_c t + \varphi)\left[\frac{4}{\pi}\cos(\omega_c t) - \frac{4}{3\pi}\cos(3\omega_c t) + \cdots\right] \\
&= \frac{2A_M U_{Ym}}{\pi}[\sin\varphi + \sin(2\omega_c t + \varphi)] - \cdots
\end{aligned}
\qquad (6-52)
$$

通过低通滤波器滤除高频分量，得

$$u_o = A_d \sin\varphi \qquad (6-53)$$

$$A_d = 2A_M U_{Ym}/\pi \qquad (6-54)$$

仍为正弦鉴相特性。

3. 两个输入信号均为大信号

由式（6-55）做出三角形鉴相特性曲线如图 6-36 所示。当乘积型模拟鉴相器的输入均为大信号时，在 $|\varphi| \leqslant \pi/2$ 范围内可实现线性鉴相，且鉴相范围比较大。输入为大信号时乘积型相乘器的工作波形如图 6-37 所示。设 $u_Y(t) = U_{Ym} \sin(\omega_c t + \varphi)$ 和 $u_X(t) = U_{Xm} \cos(\omega_c t)$ 均为大信号，波形如图 6-37（a）所示。由于模拟相乘器的限幅作用，可以将 $u_X(t)$、$u_Y(t)$ 作用于相乘器的结果，等效看成被相乘器双向限幅后成了正、负对称的方波，如图 6-37（b）所示。然后类似方波的 $u_X'(t)$、$u_Y'(t)$ 经过相乘器后的输出波形如图 6-37（c）所示。最后经过低通滤波器将图 6-37（c）输出的电压的平均分量取出，即可得到解调的输出电压。设低通滤波器增益为 1，则输出电压的表达式为

$$u_o(t) = \frac{U_{om}'}{2\pi}\left[2\left(\frac{\pi}{2} + \varphi\right) - 2\left(\frac{\pi}{2} - \varphi\right)\right] = \frac{2U_{om}'}{\pi}\varphi \qquad (6-55)$$

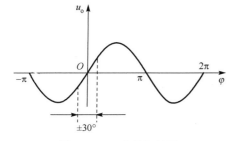

图 6-35　正弦鉴相特性

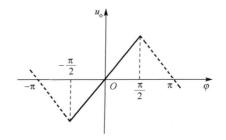

图 6-36　三角形鉴相特性曲线

$$u_X(t) = U_{Xm}\cos(\omega_c t), \quad u_Y(t) = U_{Ym}\sin(\omega_c t + \varphi) \tag{6-56}$$

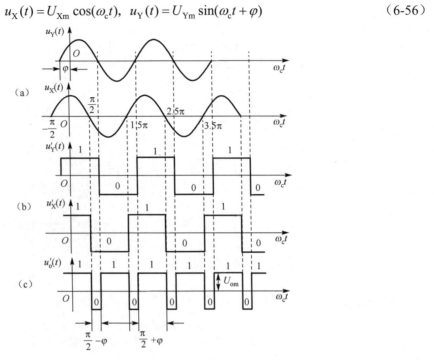

图 6-37　输入为大信号时乘积型相乘器的工作波形

4. 单谐振回路频相变换网络

在乘积型相位鉴频器中，广泛采用 LC 单谐振回路作为频率-相位变换网络，其电路如图 6-38 所示。

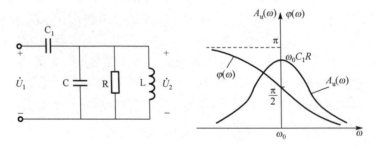

图 6-38　采用 LC 单谐振回路的电路

LC 单谐振回路的特性阻抗和品质因素分别为

$$\rho = \omega_0 L = \frac{1}{\omega_0 C}, \quad Q = \frac{\rho}{r} = \frac{R_P}{\rho} \tag{6-57}$$

该电路的电压传输系数为

$$A_u(j\omega) = \frac{\dot{U}_2}{\dot{U}_1} = \frac{\dfrac{1}{\dfrac{1}{R} + j\omega C - j\dfrac{1}{\omega L}}}{\dfrac{1}{j\omega C_1} + \dfrac{1}{\dfrac{1}{R} + j\omega C - j\dfrac{1}{\omega L}}} = \frac{j\omega C_1}{\dfrac{1}{R} + j\left(\omega C_1 + \omega C - \dfrac{1}{\omega L}\right)} \tag{6-58}$$

令 $\omega_0 = \dfrac{1}{\sqrt{L(C+C_1)}}$，$Q_T = \dfrac{R}{\omega_0 L} \approx \dfrac{R}{\omega L} \approx \omega(C+C_1)R$，代入式（6-58）得 　　　（6-59）

$$A_u(j\omega) = \frac{j\omega C_1 R}{1 + jQ_T\left(\dfrac{\omega^2}{\omega_0^2} - 1\right)} \qquad （6-60）$$

在失谐不太大的情况下，式（6-60）可简化为

$$A_u(j\omega) \approx \frac{j\omega_0 C_1 R}{1 + jQ_T\dfrac{2(\omega-\omega_0)}{\omega_0}} \qquad （6-61）$$

由此可以得到变换网络的幅频特性和相频特性分别为

$$A_u(j\omega) = \frac{\omega_0 C_1 R}{\sqrt{1 + \left(2Q_T\dfrac{\omega-\omega_0}{\omega_0}\right)^2}} \qquad （6-62）$$

$$\varphi(\omega) = \frac{\pi}{2} - \arctan\left(2Q_T\frac{\omega-\omega_0}{\omega_0}\right) \qquad （6-63）$$

当输入信号频率 $\omega = \omega_0$ 时，$\varphi(\omega) = \pi/2$；当 ω 偏离 ω_0 时，相移 $\varphi(\omega)$ 在 $\pi/2$ 上下变化；当 $\omega >$ ω_0 时，随着 ω 的增大，$\varphi(\omega)$ 减小；当 $\omega < \omega_0$ 时，随着 ω 的减小，$\varphi(\omega)$ 增大。但只有当失谐量很小，$\arctan\left(2Q_T\dfrac{\omega-\omega_0}{\omega_0}\right) < \pi/6$ 时，相频特性曲线近似为线性，此时

$$\varphi(\omega) \approx \frac{\pi}{2} - \frac{2Q_T}{\omega_0}(\omega-\omega_0) \qquad （6-64）$$

若输入 $\dot{U}_1$ 为调频信号，其瞬时角频率 $\omega(t) = \omega_c + \Delta\omega(t)$，且 $\omega_0 = \omega_c$，则

$$\varphi(\omega) \approx \frac{\pi}{2} - \frac{2Q_T}{\omega_c}\Delta\omega(t) \qquad （6-65）$$

可见，当调频信号 $\Delta\omega_m$ 较小时，图 6-38 所示的变换网络可不失真。

5. 乘积型相位鉴频器电路举例

图 6-39 所示为用 MC1496P 构成的乘积型相位鉴频器电路。

图中 VT 为射极输出器，其输出端接入 L、R、C、C_1 组成的频相交换网络，该网络适用于中心频率为 7～9MHz、最大频偏约 250kHz 的调频波解调。调频信号 $u_s(t)$ 经 VT 及频相变换网络，产生与频率变化成正比的调相、调频信号送入相乘器 X 输入端；同时调频信号 $u_s(t)$ 通过耦合电容直接送入相乘器的 Y 输入端。相乘器采用单电源供电，其双端输出至由 741 运算放大器构成的双端输入低频放大器，放大器的输出端接有由 R_1、C_2 构成的低通滤波器，C_3 为耦合隔直流电容器。

图 6-40 所示为集成电路中的乘积型相位鉴频器电路，图中 VT$_1$～VT$_7$ 构成双差分对模拟

相乘器，R_1、$VD_1 \sim VD_5$ 为直流偏置电路。输入调频信号经中频限幅放大后，变成大信号，由 1、7 端双端输入，一路信号直接送到相乘器 Y 输入端，即 VT_5、VT_6 基极；另一路信号经 C_1、C、R、L 组成的单谐振回路频率–相位变换网络，经射极输出器 VT_8、VT_9，耦合到相乘器 X 输入端。双差分对模拟相乘器采用单端输出，R_c 为负载电阻，经低通滤波器 C_2、R_2、C_3，便可获得所需的解调电压输出。

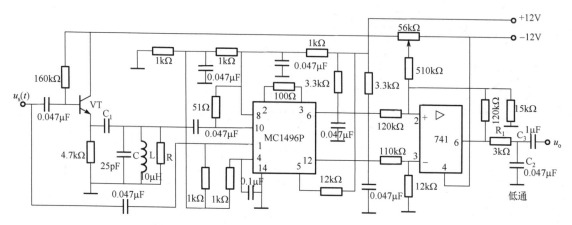

图 6-39　用 MC1496P 构成的乘积型相位鉴频器电路

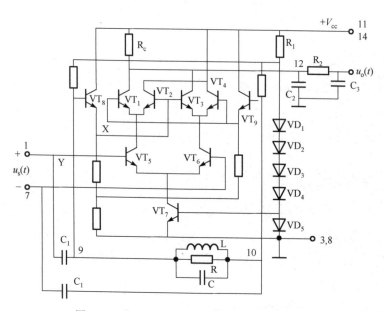

图 6-40　集成电路中的乘积型相位鉴频器电路

6.3.3.3　叠加型相位鉴频器

1. 叠加型平衡鉴相器电路

利用叠加型模拟鉴相器实现鉴频的方法称为叠加型相位鉴频法。叠加型平衡鉴相器电路和鉴相特性曲线如图 6-41 所示。

VD_1、VD_2 与 R、C 分别构成两个包络检波电路。设两输入电压分别为

$$u_1(t) = U_{1m}\cos(\omega_c t), \quad u_2(t) = U_{2m}\sin(\omega_c t + \varphi)$$

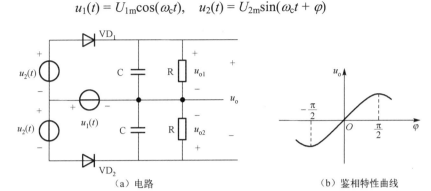

（a）电路　　　　　　　　　　　（b）鉴相特性曲线

图 6-41　叠加型平衡鉴相器电路和鉴相特性曲线

由图 6-41 可知，加到上、下包络检波电路的输入电压分别为

$$u_{s1}(t) = u_1(t) + u_2(t) = U_{1m}\cos(\omega_c t) + U_{2m}\cos\left(\omega_c t - \frac{\pi}{2} + \varphi\right) \tag{6-66}$$

$$u_{s2}(t) = u_1(t) - u_2(t) = U_{1m}\cos(\omega_c t) - U_{2m}\cos\left(\omega_c t - \frac{\pi}{2} + \varphi\right) \tag{6-67}$$

根据矢量叠加原理，输入信号的矢量合成波形如图 6-42 所示。

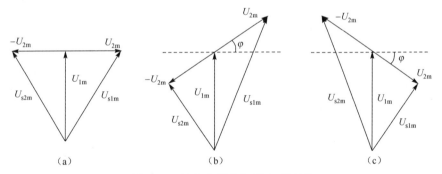

（a）　　　　　　　　　（b）　　　　　　　　　（c）

图 6-42　输入信号的矢量合成波形

当 $\varphi = 0$ 时，$u_2(t)$的相位滞后于 $u_1(t)$的相位 90°。而$-u_2(t)$的相位则超前于 $u_1(t)$的相位 90°，如图 6-42（a）所示，此时合成电压 U_{s1m} 与 U_{s2m} 相等，经包络检波后输出电压 u_{o1} 与 u_{o2} 大小相等，所以鉴相器输出电压 $u_o = u_{o1} - u_{o2} = 0$。

当 $\varphi > 0$ 时，$u_2(t)$的相位滞后于 $u_1(t)$的相位的角度小于 90°。而$-u_2(t)$的相位超前于 $u_1(t)$的相位的角度大于 90°，如图 6-42（b）所示，此时合成电压 $U_{s1m} > U_{s2m}$，经包络检波后输出电压 $u_{o1} > u_{o2}$，所以鉴相器输出电压 $u_o = u_{o1} - u_{o2} > 0$，为正值，且 φ 越大，输出电压越大。

当 $\varphi < 0$ 时，$u_2(t)$与 $u_1(t)$叠加的矢量如图 6-42（c）所示，此时合成电压 $U_{s1m} > U_{s2m}$，经包络检波后输出电压 $u_{o1} < u_{o2}$，所以鉴相器输出电压 $u_o = u_{o1} - u_{o2} < 0$，为负值，且 φ 越大，输出电压负值越大。

综合可得，叠加型平衡鉴相器的鉴相特性也具有正弦鉴相特性，而只有当 φ 比较小时，才具有线性鉴相特性。

2. 叠加型相位鉴频器电路举例

常用的叠加型相位鉴频器为互感耦合相位鉴频器（见图 6-43）。

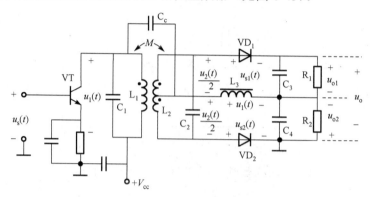

图 6-43　互感耦合相位鉴频器

L_1C_1 和 L_2C_2 均调谐在调频信号的中心频率 f_c 上，并构成互感耦合双调谐回路，作为鉴相器的频率-相位变换网络。C_c 为隔直流电容，它对输入信号频率呈短路。L_3 为高频扼流圈，它在输入信号频率上的阻抗很大，接近于开路，但对低频信号阻抗很小近似短路。VD_1、VD_2 及 C_3R_1、C_4R_2 构成包络检波电路。

输入调频信号 $u_s(t)$，经 VT 放大后，在初级回路 L_1C_1 上的电压为 $u_1(t)$，感应到次级回路 L_2C_2 上产生的电压为 $u_2(t)$，由于 L_2 被中心抽头分成两半，所以对中心抽头来说，每边电压为 $u_2(t)/2$。另外，初级电压 $u_1(t)$ 通过 C_c 加到 L_3 上，由于 C_3、C_4 的高频容抗远小于 L_3 的感抗，所以 L_3 上的压降近似等于 $u_1(t)$。

加到两个二极管包络检波器上的输入电压分别为 $u_{s1}(t) = u_1(t)+u_2(t)/2$；$u_{s2}(t) = u_1(t)-u_2(t)/2$，符合叠加型模拟鉴相器对输入电压的要求。

将电路中的频率-相位变换网络单独画出，实际应用时，初、次级回路一般都是对称的，即 $L_1 = L_2$，$C_1 = C_2$。

再根据矢量叠加图可知，互感耦合谐振回路的鉴频特性曲线如图 6-44 所示。

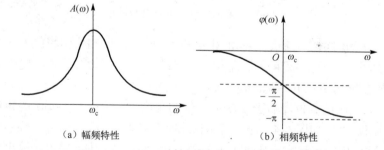

（a）幅频特性　　　　　　　　　（b）相频特性

图 6-44　互感耦合谐振回路的鉴频特性曲线

当谐振回路调谐在输入调频信号的中心角频率 ω_c 上时，频率-相位变换网络的输出电压 $u_2(t)$ 与 $u_1(t)$ 之间产生 $-90°$ 相移；当输入信号角频率小于 ω_c 时，频率-相位变换网络的输出电压 $u_2(t)$ 相移的负值小于 $-90°$；当输入信号角频率大于 ω_c 时，频率-相位变换网络的输出电压 $u_2(t)$ 相移的负值大于 $-90°$。耦合回路相位鉴频器的特性曲线如图 6-45 所示。

当输入信号频率偏离 ω_c 过大，超出回路通频带范围后，初、次级回路将严重失谐，$u_1(t)$

和 $u_2(t)$ 的幅度将随之减小，使鉴频器输出电压减小，故鉴频特性曲线发生了弯曲。另外，耦合回路相位鉴频器的鉴频特性与耦合回路初、次回路之间的耦合程度有关，当耦合程度合适时，鉴频特性可达到最大线性范围。耦合回路相位鉴频器有多种变形电路。

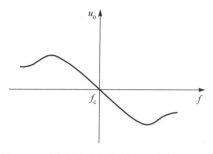

图 6-45　耦合回路相位鉴频器的特性曲线

6.3.4　限幅器

调频信号在产生和处理过程中总是或多或少地附带着寄生调幅，这种寄生调幅或是固有的或是由噪声和干扰产生的，鉴频前必须通过限幅器将它消除。

限幅器的性能由限幅特性表示，它说明限幅器输出基波电压振幅 U_{om} 与输入高频电压振幅 U_{sm} 的关系。

典型的限幅特性曲线如图 6-46 所示。

在 OA 段，输出电压 U_{om} 随输入电压 U_{sm} 的增加而增加，在 A 点右边，输入电压增加时，输出电压的增加趋缓。A 点称为限幅门限，相应的输入电压 U_P 称为门限电压。显然，只有输入电压超过门限电压 U_P 时，才会产生限幅作用。通常要求 U_P 较小，显然，U_P 较小可降低对限幅器前的放大器增益的要求，放大器的级数就可减小。

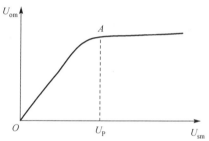

图 6-46　典型的限幅特性曲线

限幅器有两种类型：二极管限幅器和差分对限幅器。

6.3.4.1　二极管限幅器

二极管限幅器由于电路简单、结电容小、工作频带宽，得到了广泛应用。

二极管限幅器如图 6-47 所示。VD_1、VD_2 是特性完全相同的二极管，要求二极管的正向电阻尽量小，反向电阻趋于无穷大。U_Q 为二极管的偏置电压，用以调节限幅电路的门限电压。R 为限流电阻，R_L 为负载电阻，通常 $R_L \gg R$。u_s 是经过放大的调频信号电压，其波形如图 6-47（b）中的虚线所示。当 u_s 较小时，加在 VD_1、VD_2 两端的电压值小于偏压 U_Q，VD_1、VD_2 均截止，电路不起限幅作用，这时输出电压 u_o 为

$$u_o = \frac{R_L}{R + R_L} u_s \approx u_s \tag{6-68}$$

当 u_s 逐渐增大到 $|u_s| > U_Q$ 后，VD_1、VD_2 导通（正半周 VD_1 导通，负半周 VD_2 导通），输出电压的幅值将被限制在 U_Q 上，其限幅波形如图 6-47（b）中的实线所示。

考虑到二极管正向导通电压，实际输出电压幅度略大于门限电压 U_Q。当 u_s 的幅度越大或门限电压 U_Q 越小时，输出越接近方波，即限幅效果越好。由于这种限幅特性是对称的，因此，输出没有直流成分和偶次谐波成分，这是很大的优点，但在后级需连接选频回路。

6.3.4.2　差分对限幅器

差分对限幅器（见图 6-48）由单端输入、单端输出的差分放大器组成。

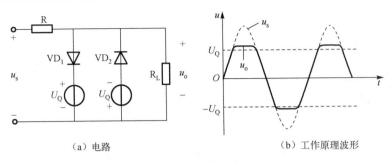

（a）电路　　　　　　　　　　　　（b）工作原理波形

图 6-47　二极管限幅器

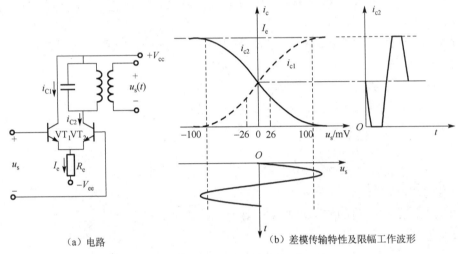

（a）电路　　　　　　　　（b）差模传输特性及限幅工作波形

图 6-48　差分对限幅器

在图 6-48（b）中，当 $|u_s| \leqslant 26\text{mV}$ 时，i_{c1} 和 i_{c2} 处于线性放大区；当 $|u_s| > 100\text{mV}$ 时，i_{c1} 和 i_{c2} 处于电流受限状态（$i_{c1} + i_{c2} = I_e$），此时集电极电流波形的上、下顶部被削平，且随着 u_s 的增大而逐渐趋近于恒定，再通过谐振回路就可以取出幅度恒定的基波电压。

差分对限幅器是通过两管轮流截止实现限幅的，即 u_s 为正半周时 VT_2 截止，$i_{c1} = I_e$，输出电流 i_{c2} 波形的下顶部被削平；u_s 为负半周时 VT_1 截止，$i_{c2} = I_e$，集电极电流波形的上顶部被削平。因为电路不是依靠饱和效应来限幅的，所以不受基区载流子存储效应的影响，工作频率可提高。另外，由于差分电路中的两个三极管的参数一致，所以集电极电流波形上、下对称，其中不包含偶次谐波分量，滤波器比较容易实现，输出的基波电压波形比较纯净。

为了减小门限电压，在电源电压不变的情况下，可适当加大发射极电阻 R_e 使 I_e 减小，门限也随之降低。在集成电路中，常用恒流源电路代替 R_e，效果更好。

难 点 释 疑

（1）调角信号对比调幅信号的优缺点。

优点：抗干扰能力强和设备利用率高。因为调角信号为等幅信号，其幅度不携带信息，故可采用限幅电路消除干扰所引起的寄生调幅。调角信号功率等于未调制时的载波功率，与

调制指数 m 无关，因此不论 m 为多大，发射机末级均可工作在最大功率状态，从而可提高发送设备的利用率。

缺点：有效带宽比调幅信号大得多，且有效带宽与 m 相关。故角度调制不宜在信道拥挤且频率范围不宽的短波波段使用，而适合在频率范围很宽的超高频或微波波段中使用。

（2）产生调频信号的方法很多，通常可分为直接调频和间接调频两类。

直接调频是用调制信号直接控制振荡器振荡回路元件的参量来改变振荡频率而获得调频信号的。其优点是可以获得大的频偏，缺点是中心频率的稳定度低。直接调频广泛采用变容二极管直接调频电路，它具有工作频率高、固有损耗小等优点，但其中心频率的稳定度和线性调频范围与变容二极管特性及工作状态有关。

间接调频是先将调制信号积分，然后对载波信号进行调相而获得调频信号的。其优点是中心频率稳定度高，缺点是难以获得大的频偏。由变容二极管构成的谐振回路具有调相作用，将调制信号积分后去控制变容二极管的结电容即可实现调频，但它很难获得大频偏的调频信号。

在实际调频设备中，常采用倍频器和混频器来获得所需的载波频率和最大线性频偏，用倍频器同时扩大载波频率和频偏，用混频器改变载波频率的大小，使之达到所需值。

本 章 小 结

（1）调频与调相都表现在载波信号的瞬时相位发生改变，故统称为角度调制。调频信号是指用调制信号去改变载波信号的频率，使其瞬时角频率 $\omega(t)$ 在载波角频率 ω_c 的基础上发生改变，这种改变是按调制信号的规律线性变化的。调相信号是指用调制信号去改变载波信号的相位，使其瞬时相位 $\varphi(t)$ 在载波相位 $\omega_c(t)$ 的基础上发生改变，这种改变是按调制信号的规律线性变化的。

角度调制具有抗干扰能力强和设备利用率高等优点，但调角信号的有效频谱带宽比调幅信号的大得多，而且带宽与调制指数大小有关，即 $BW = 2(m+1)F$。

（2）产生调频信号的方法通常有两种：直接调频和间接调频。直接调频是用调制信号直接控制振荡回路元件的参量来改变振荡频率而获得调频信号的，其优点是可以获得大的频偏，缺点是中心频率的稳定度低。间接调频是先将调制信号积分，然后对载波信号进行调相而获得调频信号的。其优点是中心频率稳定度高，缺点是难以获得大的频偏。

直接调频广泛采用变容二极管直接调频电路，它具有工作频率高、固有损耗小等优点，其中心频率的稳定度和线性调频范围与变容二极管特性及工作状态有关。由变容二极管构成的谐振回路具有调相作用，将调制信号积分后去控制变容二极管的结电容即可实现调频，整个过程只有在相位变化量比较小时，才能实现线性调制，所以它很难获得大频偏的调频信号。

在实际调频设备中，通过采用倍频器和混频器来获得所需的载波频率和最大线性频偏，倍频器能同时扩大载波频率和频偏，混频器能改变载波频率的大小，使之达到所需值。

（3）实现调频信号解调的电路称为鉴频电路；能够检出两输入信号之间相位差的电路，称为鉴相电路。常用的鉴频电路有斜率鉴频器、相位鉴频器、脉冲计数式鉴频器、锁相环路鉴频器。利用电压与频率之间的关系曲线对调频信号进行鉴频的方法称为斜率鉴频，斜率鉴频要求鉴频特性曲线要陡峭，线性范围要大。斜率鉴频器通常是先利用谐振回路失谐部分下降（或上升）的曲线部分，将等幅的调频信号变成调幅-调频信号，然后采用包络检波器进行解调。相位鉴频器是先将调频信号送入频率-相位线性变换网络，变换成调频-调相信号，然后用鉴相器进行解调。采用乘积型模拟鉴相器构成的相位鉴频器称为乘积型相位鉴频器；采用叠加型模拟鉴相器构成的相位鉴频器称为叠加型相位鉴频器。调频信号在鉴频之前，需要用限幅器消除调频信号中的寄生调幅。

思考与练习

1．比较调频信号与调相信号之间的异同点。

2．调制信号的振幅与频率变大后，对调频信号和调相信号的调制指数、最大频偏影响如何？

3．直接调频与间接调频实现的方法是什么？它们各自的优缺点有哪些？

4．倍频器和混频器在调频电路中所起的作用是什么？

5．直接调频电路与间接调频电路中对最大频偏产生影响的主要参数是什么？

6．什么是鉴频特性？主要有哪些要求？

7．常见的鉴频方法有哪些？

8．已知调制信号 $u_\Omega = 8\cos(2\pi \times 10^3 t)\text{V}$，载波输出电压 $u_o(t) = 5\cos(2\pi \times 10^6 t)\text{V}$，$k_f = 2\pi \times 10^3 \text{rad/(s·V)}$，试求调频信号的调频指数 m_f、最大频偏 Δf_m 和有效频谱带宽 BW，写出调频信号的表达式。

9．已知调频信号 $u_o(t) = 3\cos[2\pi \times 10^7 t + 5\sin(2\pi \times 10^2 t)]\text{V}$，$k_f = 10^3 \pi \text{rad/(s·V)}$。

（1）求该调频信号的调频指数 m_f、最大频偏 Δf_m 和有效频谱带宽 BW；

（2）写出调制信号和载波输出电压的表达式。

10．调频信号的最大频偏为 75kHz，当调制信号频率分别为 100Hz 和 15kHz 时，求调频信号的 m_f 和 BW。

11．已知调制信号 $u_\Omega(t) = 6\cos(4\pi \times 10^3 t)\text{V}$，载波输出电压 $u_o(t) = 2\cos(2\pi \times 10^8 t)\text{V}$，$k_p = 2\text{rad/(s·V)}$。试求调相信号的调相指数 m_p、最大频偏 Δf_m 和有效频谱带宽 BW，并写出调相信号的表达式。

12．设载波为余弦信号，频率 $f_c = 25\text{MHz}$，振幅 $U_m = 4\text{V}$，调制信号为单频正弦波，频率 $F = 400\text{Hz}$，若最大频偏 $\Delta f_m = 10\text{kHz}$，试分别写出调频和调相信号的表达式。

13．已知载波电压 $u_o(t) = 2\cos(2\pi \times 10^7 t)\text{V}$，现用低频信号 $u_\Omega(t) = U_{\Omega m}\cos(2\pi F t)$ 对其进行调频和调相，当 $U_{\Omega m} = 5\text{V}$、$F = 1\text{kHz}$ 时，调频指数和调相指数均为 10rad，求此时调频信号和调相信号的 Δf_m、BW；若调制信号 $U_{\Omega m}$ 不变，F 分别变为 100Hz 和 10kHz，求调频信号、调相信号的 Δf_m 和 BW。

14．频偏扩展电路如图 6-49 所示，直接调频器输出调频信号的中心频率为 10MHz，调制信号频率为 1kHz，最大频偏为 1.5kHz。试求：

（1）该设备输出信号 $u_o(t)$ 的中心频率与最大频偏；

（2）放大器 1 和 2 的中心频率和通频带。

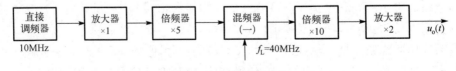

图 6-49　频偏扩展电路

第7章 反馈控制电路

 内容提要

在一个完整的通信系统或电子系统中，为了进一步完善其性能或满足某一个特定需求，广泛采取了多种具有自动调节功能的控制电路。根据自动控制理论相关知识，这种功能电路往往需要通过闭环负反馈利用误差调节来实现，因此也被称为反馈控制电路。

根据所需控制调节的参量不同，本章将重点介绍的反馈控制电路主要分为三类：自动增益控制（Automatic Gain Control，AGC）电路、自动频率控制（Automatic Frequency Control，AFC）电路与自动相位控制（Automatic Phase Control，APC）电路。

 学习目标

理解与掌握反馈控制电路的基本组成、结构框图与工作原理。

掌握锁相环路的基本原理，学会运用拉普拉斯变换等多种方式对控制框图进行分析。

理解频率合成器的工作原理与基本组成。

 思政剖析

本章的关键核心词就是"负反馈"，因为负反馈环节的设置，正弦波振荡器才得以存在。"负反馈"对高频电路系统的作用即"审视偏差，校正系统"。对于我们大学生、我们党而言，关键核心词便是敢于审视自身，敢于自我革命。

在百年奋斗历程中，我们党领导人民取得一个又一个伟大成就、战胜一个又一个艰难险阻，历经千锤百炼仍朝气蓬勃，得到人民群众支持和拥护，原因就在于党敢于直面自身存在的问题、勇于自我革命，始终保持先进性和纯洁性，不断增强创造力、凝聚力、战斗力，永葆马克思主义政党本色。

党的自我革命永远在路上。当代大学生不仅要在学业生活上做到"吾日三省吾身"，作为未来党的事业的接班人更要敢于斗争、善于斗争，保持先进性和纯洁性，勇于自我革命。

7.1 自动增益控制电路

为了有效降低接收机所处环境、与发射机之间通信距离的变化及电磁波信号在传输信道中受到的干扰对接收机接收信号功率稳定性的影响，研究出了自动增益控制电路，其在一定程度上具有确保接收机接收信号幅值稳定的作用，其已成为接收机系统中不可或缺的辅助电路，在光纤通信、雷达、卫星导航系统及广播电视系统中均已经得到了广泛应用。

7.1.1 自动增益控制电路的基本原理

自动增益控制（AGC）电路属于反馈控制电路的一种，其结构组成相对固定。反馈控制电路的结构框图如图 7-1 所示。

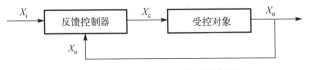

图 7-1 反馈控制电路的结构框图

反馈控制电路通常由反馈控制器与受控对象两部分组成。X_i 代表系统输入量，X_o 为系统输出量，它们之间应满足 $X_o = F(X_i)$ 的预定关系。当该预定关系尚未满足或者遭受破坏时，反馈控制器负责监测实际情况与预定关系的偏离情况，并输出误差量 X_e。X_e 进而对受控对象增益产生反向影响，间接对 X_o 产生调节并使之趋近于原预定关系。通过一次又一次地反馈、对比与调节，反馈控制电路系统使 X_i 与 X_o 的关系趋于稳定。该反馈控制电路常被应用于增益控制，图 7-2 所示为自动增益控制电路的结构框图。

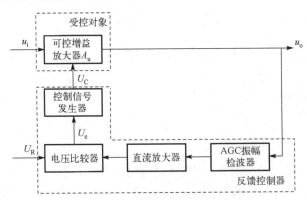

图 7-2 自动增益控制电路的结构框图

在图 7-2 中，反馈控制器基本由 AGC 振幅检波器、直流放大器、电压比较器、控制信号发生器组成，受控对象为可控增益放大器。输出信号 u_o 经过 AGC 振幅检波器后产生代表 u_o 幅值变化的直流信号，经直流放大器之后进入电压比较器，在电压比较器中与外加参考电平 U_R 进行对比产生直流的幅值差值电压 U_e，经过控制信号发生器后产生控制电压 U_C 以直接控制可控增益放大器的增益 A_u，即

$$u_{o(n+1)} \approx A_{u(n+1)}(U_{C(n)})u_{i(n+1)} \tag{7-1}$$

式中，第 $n+1$ 历元输出信号 u_o 与输入信号 u_i 的幅值比例 A_u，受到第 n 历元控制电压 U_C 的控制。当输出信号 u_o 幅值增大时，通过控制电压 U_C 减小增益 A_u，下一时刻的输出信号幅值便相应变小。

通过环路的负反馈，自动增益控制电路的输出信号幅值在外界干扰下，仍可保持稳定或在允许范围内变化。可见，在接收机中，自动增益控制电路可以敏锐地弥补输入信号所受干扰导致幅值不稳定的影响，这在极大程度上归功于环路的负反馈功能。

7.1.2　自动增益控制电路的应用

图 7-3 所示为具有简单自动增益控制电路的接收机环路框图。在图中，各级放大器代表可控增益放大器，即受控对象。包络检波器与 R、C 构成的低通滤波器组成环路的反馈控制器。相比于普通接收机，包络检波器输出的信号分为两部分：一部分为低频信号电压；另一部分为随载波幅值变化的直流信号电压。通过时间常数较大的低通滤波器滤除低频信号后，随载波幅值变化的直流信号电压作为控制电压 U_C 将分别控制高频放大器、中频放大器等的增益变化，从而使得接收机输出信号幅度趋于稳定，实现了简单的自动增益控制。

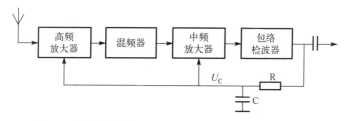

图 7-3　具有简单自动增益控制电路的接收机环路框图

然而图 7-3 所示的具有简单自动增益控制电路的接收机环路具有一定的局限性，即一旦有输入信号，自动增益控制电路就会立即产生控制作用，这会限制小信号的接收，因此仅仅适用于输入信号振幅较大的工作场景。要改进自动增益控制电路，核心问题就是设置起控门限电压 U_R，即当输入信号幅值低于 U_R 时，自动增益控制电路不工作；当输入信号幅值高于 U_R 时，自动增益控制电路开启工作。实现该功能的电路被称为延迟自动增益控制电路，其结构框图如图 7-4 所示。

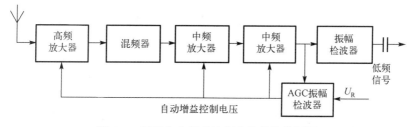

图 7-4　延迟自动增益控制电路的结构框图

在图 7-4 中，振幅检波器输出的是反映包络线变化的解调电压。而 AGC 振幅检波器的设置目的为产生一个反映输入载波电压振幅的直流电压，并与参考电压，即起控门限电压 U_R 对比数值大小。当输入信号幅值高于 U_R 时，自动增益控制电路开启工作并输出自动增益控制电压，即控制电压。此时，自动增益控制电压作用于各被控极并改变相应放大器的增益，使得接收机输出信号幅值相对稳定；当输入信号幅值低于 U_R 时，此时接收机的作用与普通接收机的相同，不具有自动增益控制功能。

7.2　自动频率控制电路

7.2.1　自动频率控制电路的基本原理

在雷达、卫星导航系统等通信系统中，考虑到发射机与接收机之间存在的相对运动所导致的多普勒效应（Doppler Effect）、振荡器的频率漂移与噪声等不确定因素，传输信号的载波信号频率可能会随着时间发生一定的或者不可预测的变化，这在一定程度上会影响系统的工作性能。在工程上，可以采用自动频率控制电路来控制振荡器的频率以解决以上问题。

自动频率控制电路往往以频率锁定环路（Frequency Lock Loop，FLL）来实现，它主要由频率鉴别器（简称鉴频器）、环路滤波器及压控振荡器（Voltage Controlled Oscillator，VCO）组成（见图 7-5）。

图 7-5　频率锁定环路的基本构成

频率锁定环路的任务可以认为是令系统的输出信号 $u_o(t)$ 的频率 f_o 与参考标准信号 $u_r(t)$ 的频率 f_r 保持一致。当 f_r 与 f_o 数值一致时，鉴频器无输出；当存在误差时，鉴频器将输出与 $f_o - f_r$ 的数值成正比的误差电压信号 $u_d(t)$。环路滤波器实质上为一种低通滤波器，目的在于降低回路中的噪声：一方面使得通过滤波后的 $u_f(t)$ 比较真实地反映频率差；另一方面是防止噪声过激影响 VCO。若通过理想状态下的环路滤波器，$u_f(t)$ 可以认为是 $u_d(t)$ 的直流信号成分。VCO可以认为是一种可以生成确定频率的周期正弦信号 $u_o(t)$ 的环节，而该频率变化量恰恰与其控制信号 $u_f(t)$ 的大小成正比。可见，只要 f_r 与 f_o 数值不一致，通过 VCO 会使得误差减小，直至 $\Delta f = 0$ 时，环路进入锁定状态。由于频率锁定环路利用负反馈原理控制系统，而误差信号必然由鉴频器产生，因此在锁定状态下，两频率无法完全相等，必然有剩余频差 Δf 的存在。这是频率锁定环路的重要指标之一，它与鉴频器的算法灵敏度、VCO 的控制灵敏度和起始的频偏有关。

自动频率控制电路稳频有剩余频差，这是频率锁定环路结构的原理性特征。然而，稳定频率并不仅有这一种方案，若上述环路结构应用于相位跟踪而不是频率跟踪，则仅有剩余相位（或者说延时）差，而没有剩余频差，这是可以接受的稳频结果，但代价往往是噪声带宽较低、抗噪声能力差、动态性相对较差。在 7.3 节，我们将讨论对应的自动相位控制电路。

7.2.2　自动频率控制电路的应用

自动频率控制电路被广泛用作接收载体和发射设备中的自动频率微调电路。

7.2.2.1　调幅接收机中的自动频率控制电路

图 7-6 所示为采用自动频率控制电路的调幅接收机组成框图，相对于普通调幅接收机，该系统增加了限幅鉴频器、低通滤波放大等部分，同时将本机振荡器改为 VCO。混频器输出的中频信号经中频放大器放大后，除发送至包络检波器之外，还需送到限幅鉴频器进行鉴频。由于鉴频器中心频率调在规定的中频上，限幅鉴频器可将偏离于中频的频率误差变换成电压，该电压通过低通滤波和放大后作用到 VCO 上，VCO 的振荡频率发生变化，使偏离于中频的频率误差减小。这样，在自动频率控制电路的作用下，接收机的输入调幅信号的载波频率和 VCO 的频率之差接近于中频。因此，采用自动频率控制电路后，中频放大器的带宽可以减小，从而有利于提高接收机的灵敏度和选择性。

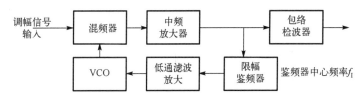

图 7-6 采用自动频率控制电路的调幅接收机的组成框图

7.2.2.2 调幅发射机中的自动频率控制电路

图 7-7 所示为采用自动频率控制电路的调频发射机的组成框图。在图 7-7 中，频率稳定度极高的晶体振荡器是参考频率信号源，其作为自动频率控制电路的标准频率，输出频率为 f_r；调频振荡器的标称中心频率为 f_c；限幅鉴频器的中心频率调整在 f_r-f_c 上，由于晶体振荡器输出的标准频率稳定度很高，当调频振荡器中心频率发生漂移时，混频器输出的频差也跟随变化，使限幅鉴频器的输出电压发生变化。经窄带低通滤波器滤除调整频率分量后，将反映调频波中心频率漂移的缓变电压，加至调频振荡器上，使其中心频率漂移减小。由于 f_r 稳定度很高，因此可提高中心频率稳定度。

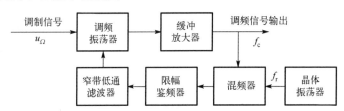

图 7-7 采用自动频率控制电路的调频发射机的组成框图

7.3 锁 相 环 路

锁相环（Phase Locked Loop，PLL）是自动相位控制电路的实现形式，其通过跟踪调制相位误差以间接实现稳频，以应对多普勒效应、振荡器频漂与噪声对频率的影响。

锁相环的环路结构概念最早可以追溯到 1919 年，并以模拟电路的形式制成，如今已大多实现数字式。其最早被描述为一种接收机辅助跟踪技术，如今其结构已经广泛应用于几乎所有的通信系统，包括我们国家自主建设运行的北斗卫星导航系统。

在这一节，我们将主要介绍锁相环路的基本原理与数学模型。

7.3.1 锁相环路的基本原理

锁相环为一种窄带跟踪环路，相比一般环路多了一个混频器和中频放大器。它与外加接收信号相混后，输出中频电压，经中频放大后，加到鉴相器上与本地标准中频参考信号进行相位比较，在环路锁定时，加到鉴相器上的两个中频信号的频率相等。当外界输入信号的频率发生变化时，VCO 的频率也跟着变化，使中频信号的频率自动维持在标准中频上不变。这样中频放大器的通频带就可以做得很窄，从而保证鉴相器输入端有足够的信噪比，提高了接收机的灵敏度。

锁相环路的基本构成形式与频率锁定环路几乎一致，差别仅仅在于鉴相器与鉴频器，其基本组成如图 7-8 所示。

图 7-8　锁相环路的基本组成

我们知道，在两个信号之间，若通过某种方式始终可以保证相位差相等，则信号频率必然一致。因此，与频率锁定环路的工作原理类似，锁相环路的基本工作思路为输入与输出信号的相位差控制 VCO 以调节输出信号的频率，实现与输入信号之间的相位差保持稳定，最终实现稳频。

当相位差逐渐缩小并趋于稳定值时，锁相环路处于牵入状态；当牵入状态结束后，相位差基本保持一致时，锁相环路进入锁定状态；若牵入状态始终无法进入锁定状态，则称为失锁状态。

为了方便分析，我们设输入信号（参考输入）与输出信号分别为

$$u_i(t) = U_{im} \sin(\omega_i t + \theta_i) \tag{7-2}$$

$$u_o(t) = U_{om} \cos(\omega_o t + \theta_o) \tag{7-3}$$

式中，输入信号与输出信号的角频率与初始相位都是关于时间的变化量。若通过锁相环路，输入信号与输出信号之间的相位差可以始终保持一致，即输出信号似乎是输入信号的一个有延时的复制副本，便实现了稳频效果。

鉴相器（Phase Detector, PD）的实现形式有多种，包括乘积型鉴相器及叠加型鉴相器等。为了便于理解，可简单认为鉴相器是一种负责乘法运算的乘法器。因此，当输入信号与输出信号做出乘法操作之后，鉴相器的输出为

$$u_d(t) = u_i(t)u_o(t) = U_{im}U_{om} \sin(\omega_i t + \theta_i) \cos(\omega_o t + \theta_o) \tag{7-4}$$

输出分为高频信号与低频信号两部分，为方便表示，可表示为

$$u_d(t) = u_i(t)u_o(t) = \frac{1}{2} U_{im}U_{om} \{ \sin[(\omega_i + \omega_o)t + \theta_i + \theta_o] + \sin[(\omega_i - \omega_o)t + \theta_i - \theta_o] \} \tag{7-5}$$

我们需要知道的是，在锁相环作用下，ω_i 与 ω_o 是非常接近的。因此，高频项是频率大概为输入信号、输出信号的频率的两倍的信号成分，而低频项则是角频率为输出角频率差的低频甚至直流部分。因此，为实现对角频率差信息的获取，系统需要进一步滤除 $u_d(t)$ 的高频信号成分。

用来实现滤除 $u_d(t)$ 的高频信号成分的器件是环路滤波器，且是低通滤波器。在低通滤波器的作用下，环路噪声与 $u_d(t)$ 的高频信号成分被有效滤除，此时在理想滤波状态下，低通滤波器的输出即 $u_d(t)$ 反映频差的低频信号成分：

$$u_f(t) = u_i(t)u_o(t) = K_f \frac{U_{im}U_{om}}{2} \sin[(\omega_i - \omega_o)t + \theta_i - \theta_o] \tag{7-6}$$

式中，K_f 为滤波增益。

需要考虑的是，在锁相环路由牵入状态进入锁定状态后，不仅输入信号的 ω_i 与输出信号的 ω_o 一致，$\theta_i - \theta_o$ 也接近于 0，因此 $[(\omega_i - \omega_o)t + \theta_i - \theta_o]$ 为一个与时间相关的函数，且数值基本在 0 附近。因此，VCO 的输入控制信号可基本近似为

$$u_f(t) = K_f \frac{U_{im}U_{om}}{2} \sin[(\omega_i - \omega_o)t + \theta_i - \theta_o] = K_f \frac{U_{im}U_{om}}{2} \sin\theta_e(t) \approx K_f \frac{U_{im}U_{om}}{2}\theta_e(t) \qquad (7\text{-}7)$$

因此，在系统基本进入锁定状态时，$u_f(t)$ 可以认为与相位差 $\theta_e(t)$ 呈线性正比关系。我们已经知道，VCO 是一种可以生成确定频率的周期正弦信号的环节，且该频率变化量与其控制信号 $u_f(t)$ 成正比。为此，我们再量化地分析 VCO 的控制关系：

$$\frac{d\omega_o}{dt} = K_v u_f(t) \qquad (7\text{-}8)$$

式中，K_v 为 VCO 的增益，单位为 rad/V；ω_o 为输出信号在该时刻的瞬时角频率。可见，只要反映相位差 $\theta_e(t)$ 的 $u_f(t)$ 不为 0，VCO 会对应地调整变化以产生新的输出信号，最终实现输出信号与输入信号的相位差保持稳定，并实现稳频效果。

从根本上讲，锁相环路是一种产生、输出周期性的信号的电子控制回路，其通过不断地调整输出信号的相位，使得输出信号与输入信号的相位保持一致，即锁定状态。

7.3.2　锁相环路的数学模型

7.3.1 节在介绍锁相环路的基本工作过程的同时，运用时域分析方法对系统进行了详细推导。我们需要知道的是，由 VCO 的控制关系可知，其最终输出信号的相位是基于角频率的积分得到的。因此利用基于积分变换的拉普拉斯变换，对系统进行数学模型的分析是更加便捷的。锁相环路拉普拉斯变换后的数学模型如图 7-9 所示。

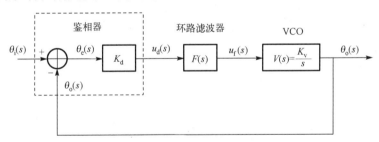

图 7-9　锁相环路拉普拉斯变换后的数学模型

在图 7-9 中，输入与输出分别为对应信号的初相位的拉普拉斯变换。为方便表示鉴相器在复数域的功能，K_d 被定义为鉴相器增益，单位为 rad/V，其表达式为

$$K_d = \frac{U_{im}U_{om}}{2} \qquad (7\text{-}9)$$

VCO 的传递函数 $V(s)$ 表示为

$$V(s) = \frac{\theta_o(s)}{u_f(s)} = \frac{K_v}{s} \qquad (7\text{-}10)$$

这体现了输出相位 $\theta_o(t)$ 与控制信号 $u_f(t)$ 之间的积分控制关系。

基于以上讨论，我们最终得到系统的闭环传递函数 $\varphi(s)$：

$$\varphi(s) = \frac{\theta_o(s)}{\theta_i(s)} = \frac{G(s)}{G(s)+1} = \frac{K_d K_v F(s)}{K_d K_v F(s) + s} \tag{7-11}$$

其中，$G(s)$ 为开环传递函数，即

$$G(s) = \frac{K_d F(s) K_v}{s} \tag{7-12}$$

锁相环路的传递函数的实现方式较多，按照环路阶数来分，一般包括一阶、二阶、三阶三种。此处仅介绍锁相环路为二阶的数学模型。此时，传递函数 $F(s)$ 为

$$F(s) = \frac{\tau_2 s + 1}{\tau_1 s} \tag{7-13}$$

最终可得到标准的二阶闭环控制系统，此时的二阶闭环系统传递函数 $\varphi(s)$ 为

$$\varphi(s) = \frac{K_d K_v F(s)}{K_d K_v F(s) + s} = \frac{\dfrac{K_d K_v \tau_2}{\tau_1} s + \dfrac{K_d K_v}{\tau_1}}{s^2 + \dfrac{K_d K_v \tau_2}{\tau_1} s + \dfrac{K_d K_v}{\tau_1}} \tag{7-14}$$

现在对锁相环路与频率锁定环路进行对比，不同点如下：

（1）在锁定状态下，锁相环路仅有一定的剩余相位误差，稳频效果相对较好；而频率锁定环路却有剩余频差。

（2）锁相环路的噪声带宽比较窄，可紧密地跟踪信号，然而噪声带宽窄是双刃剑，其抗噪声能力较差，对动态应力的容忍性并不好，鲁棒性差；而频率锁定环路的噪声带宽比较宽，鲁棒性更好，但跟踪效果相对较差。

在实际应用中，需要均衡考虑对准确性与抗干扰能力的需求，然后对稳频电路进行选择。特殊地，若想充分发挥锁相环路与频率锁定环路的综合优势，也存在基于频率锁定环路辅助的锁相环路组合稳频电路，读者可查阅相关文献进行了解。

7.3.3 锁相环路的捕获与跟踪

根据初始相位关系的不同，锁相环路一般有两种不同的自动调节过程。

若环路的初始状态是失锁的，通过自身的调节，VCO 的频率逐渐向输入信号的频率靠近，在达到一定程度后，环路即能进入锁定状态。这种由失锁状态进入锁定状态的过程被称为捕获过程。相应地，能够从失锁状态进入锁定状态的最大输入固有频差被称为环路捕获带，如图 7-10 所示的 $\Delta\omega_P$。

若环路初始状态处于锁定状态，当输入信号频率、相位发生突变时，环路可通过自身的调节来维持锁定状态的过程即跟踪过程。相应地能够保持跟踪的最大输入固有频差被称为同步带（或称为跟踪带），一般用 $\Delta\omega_H$ 表示。

其中，同步带为

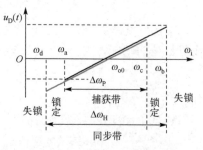

图 7-10 捕获带与同步带

$$\Delta \omega_{\mathrm{H}} = \frac{\omega_{\mathrm{b}} - \omega_{\mathrm{d}}}{2} \qquad\qquad (7\text{-}15)$$

捕获带为

$$\Delta \omega_{\mathrm{P}} = \frac{\omega_{\mathrm{c}} - \omega_{\mathrm{a}}}{2} \qquad\qquad (7\text{-}16)$$

　　一般地，捕获带与同步带并不相等，且捕获带的范围小于同步带。也可以看到，锁相环路的输入与输出之间的相位并非一直数值相等，而是在由锁定状态到捕获跟踪的过程中，误差值保持在相当的数值之内。

7.4　频率合成器

　　为了实现更高质量的无线通信，近代通信系统对频率源的要求越来越高，往往要求通信机具有大量的、可供用户选择的、能迅速更换的频率稳定度和精度很高的载波信号频率。石英晶体振荡器虽然频率稳定度和精度很高，但其频率值是单一确定的，或者说只能在很小范围内进行微调。为了满足现代通信技术的需要，采取一个或者多个石英晶体标准振荡源，可产生一系列等间隔的与标准振荡源具有相同频率稳定度及准确度的多种离散频率，这里采用的器件即本节将讨论的频率合成器。

　　频率合成器有多种实现形式，包括直接频率合成器、间接频率合成器（锁相频率合成器）及直接数字频率合成器等。其中，直接频率合成器利用倍频、分频、混频等方法直接产生，信号质量相对较差。间接频率合成器利用锁相技术实现，其结构简单、输出频率成分的频谱纯度高，控制方便。直接数字频率合成器则基于全数字技术，其输出频率可高达几百兆赫兹，由参考时钟、相位累加器、只读存储、数字模拟转换器（DAC）和滤波器等组成。本节主要针对间接频率合成器（锁相频率合成器）展开介绍。

7.4.1　主要技术指标

　　总体来说，要评判一个频率合成器，主要有以下几个主要技术指标。

　　1. 频率范围

　　频率范围即主要的工作频率范围。

　　2. 分辨率

　　相邻频率之间的最小频率间隔被称为分辨率。分辨率的设置与频率合成器的实际应用场景相关。

　　3. 频率转换时间

　　频率转换时间即从一个工作频率转换到另一个工作频率，并达到稳定工作所需要的时间。它包含电路延迟时间和锁相环路捕获时间。

　　4. 频率稳定度和准确度

　　频率稳定度是指在规定的观测时间内，频率合成器的输出频率偏离标称值的程度。一般用偏离值与输出频率的相对值来表示。而频率准确度是指实际工作频率与标称频率之差，又称频率误差。

5. 频率纯度

频率纯度是指输出信号接近正弦波的程度，用有用信号电平与各寄生频率分量总电平之比的分贝值表示。其主要表征多种周期性干扰、多次谐波与随机干扰对输出频率的影响。

7.4.2 间接频率合成器（锁相频率合成器）

7.4.2.1 一种简单锁相频率合成器

一种简单锁相频率合成器的基本组成结构如图 7-11 所示。在经典的锁相环路基础上，这种简单锁相频率合成器在反馈通道中插入了分频器。

由晶体振荡器产生的高稳定度的标准频率源 f_s，经参数分频器进行 R 分频之后，可得到参考频率 f_r，其频率数值为 f_s 的 $1/R$。

参考频率 f_r 被送到鉴相器的一个输入端的同时，在锁相环路 VCO 的输出侧输出频率 f_0，经 N 次分频之后同样被送到鉴相器的另一个输入端。当环

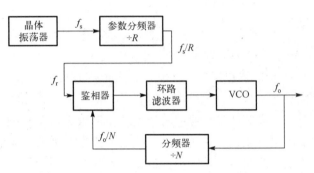

图 7-11　一种简单锁相频率合成器的基本组成结构

路进入锁定状态时，可以认为参考频率 f_r 同时为 f_0 的 $1/N$，故也被称为锁相倍频电路。若改变 N 的数值，便可得到不同的频率输出信号。此时，f_r 便是定义上的分辨率。

7.4.2.2 简单锁相频率合成器所存在的问题

上述的锁相频率合成器结构简单，且仅包含单一的锁相环路，或称为单环式。单环式频率合成器在实际应用中需要注意以下问题。

（1）分辨率不能太小。

f_r 太小时，环路滤波器的带宽也要小（带宽需小于 f_r，以滤除鉴相器输出信号中的参考频率及其谐波分量），这使频率转换时的环路捕获时间或跟踪时间加长，即减小频率间隔与减小频率转换时间是矛盾的。另外，f_r 太小不利于抑制由 VCO 引入的噪声。

（2）锁相环路内接入分频器后，环路增益下降为原来的 $1/N$。

对于输出频率高、频率覆盖范围宽的合成器，当要求频率间隔很小时，N 的变化范围将很大，这将使环路增益也大幅度变化，从而影响环路的动态性能。

（3）输出频率受到可编程分频器的限制，比较低。

在实际应用中，为了解决以上问题，更多的是采用多环式频率合成器及吞脉冲锁相频率合成器。读者可阅读相关文献进行学习。

本节所涉及的锁相环路、频率锁定环路等反馈控制电路，在复杂庞大的电子通信系统中应用广泛。其中就包括着眼于国家安全和经济社会发展需要，我们国家自行研制的全球卫星导航系统——北斗卫星导航系统（BeiDou Satellite Navigation System）。捕获北斗卫星导航系统的多颗卫星信号之后，在用户载体接收机中，反馈控制电路是对信号进行跟踪计算的关键，是后续得到导航数据、精确定位的基础。

通过了解北斗卫星导航系统的建设过程，当代青年大学生既要充分认识到脚踏实地、实事求是、自主创新是国家和个人成长和发展必备的精神，更应该深刻理解我们国家集中力量办大事的制度优势。当代青年一定要以国家富强、民族振兴为目标，努力提升自己的本领，用热血汗水去挥洒自己最美好的青春，不负时代，投身到国家建设当中去。

难 点 释 疑

本章的关键难点在于对"负反馈"的掌握与对反馈控制系统的认识。负反馈过程是指将输出的误差值反馈至前端，通过控制器调整下一循环的输出的过程，以实现误差值缩小至特定范围。反馈控制电路的关键也在于负反馈，这是提高接收性能常用的辅助电路。其中，自动相位控制电路所采取的锁相环路是一种典型的利用相位调节以消除频率误差的自动控制系统电路，通过时域公式推导、复数域控制模型推导这两种方式对该环路的工作过程进行认识，是一种相对有效的方法。

本 章 小 结

（1）在现代通信与电子设备中，反馈控制电路被广泛采用，其中主要包括自动增益控制电路、自动频率控制电路和自动相位控制电路。通过反馈控制电路，可以改善和提高整机的性能：自动增益控制电路被用来稳定通信及电子设备输出电压（或电流）的幅度；自动频率控制电路用于维持工作频率的稳定；自动相位控制电路用于实现两个电信号相位的同步。

（2）为进一步满足现代通信技术的需要，采取一个或者多个石英晶体标准振荡源，可以构成频率合成器。频率合成器可产生一系列等间隔的与标准振荡源具有相同频率稳定度及准确度的多种离散频率。

思考与练习

1. 调幅接收机采用自动频率控制电路的作用是（　　　）。
   A. 稳定中频输出　　　　　　　　B. 稳定输出电压
   C. 稳定 VCO　　　　　　　　　D. 改善解调质量
2. 锁相环路的作用是（　　　）。
   A. 维持工作频率稳定　　　　　　B. 实现无频率误差的频率跟踪
   C. 维持放大器增益稳定　　　　　D. 使输出信号幅度保持在小范围内变化
3. 通信系统与电子设备中常用的反馈控制系统主要有（　　）、（　　）和（　　）三种。
4. AGC 是（　　）的简称；AFC 是（　　）的简称；APC 是（　　）的简称。
5. 锁相环路由哪几部分组成？工作特点是什么？
6. 锁相环路与自动频率控制电路实现稳频功能时，哪种性能更优越？为什么？
7. 试着画出频率锁定环路的组成框图，并分析其工作原理。

参 考 文 献

[1] 胡宴如，耿苏燕. 高频电子线路[M]. 2 版. 北京：高等教育出版社，2015.

[2] 曾兴雯，刘乃安，陈键. 高频电子线路[M]. 西安：西安电子科技大学出版社，2013.

[3] 张肃文，陆兆熊. 高频电子线路[M]. 5 版. 北京：高等教育出版社，2009.

[4] 胡宴如，周珩. 高频电子线路(第 2 版)学习指导与习题解答[M]. 北京：高等教育出版社，2016.

[5] 樊昌信，曹丽娜. 通信原理[M]. 6 版. 北京：国防工业出版社，2015.

[6] 袁岚峰. 量子信息简话[M]. 合肥：中国科学技术大学出版社，2021.